# 我也曾像你一样迷茫过

海边的西塞罗 著

四川人民出版社

图书在版编目（CIP）数据

我也曾像你一样迷茫过 / 海边的西塞罗著. -- 成都：四川人民出版社，2023.2
 ISBN 978-7-220-13116-5

Ⅰ.①我… Ⅱ.①海… Ⅲ.①成功心理—通俗读物
Ⅳ.①B848.4-49

中国版本图书馆CIP数据核字(2023)第014828号

WO YECENG XIANGNI YIYANG MIMANG GUO
我也曾像你一样迷茫过
海边的西塞罗 著

| | |
|---|---|
| 出 版 人 | 黄立新 |
| 出 品 人 | 武 亮 刘一寒 |
| 策 划 | 郭 健 石 龙 |
| 责任编辑 | 陈 纯 |
| 责任校对 | 舒晓利 |
| 产品经理 | 刘一寒 |
| 装帧设计 | 末末美书 |
| 出版发行 | 四川人民出版社（成都三色路238号）|
| 网 址 | http://www.scpph.com |
| E-mail | scrmcbs@sina.com |
| 新浪微博 | @四川人民出版社 |
| 微信公众号 | 四川人民出版社 |
| 发行部业务电话 | （028）86361653 86361656 |
| 防盗版举报电话 | （028）86361653 |
| 照 排 | 天津书田图书有限公司 |
| 印 刷 | 天津光之彩印刷有限公司 |
| 成品尺寸 | 145mm×210mm |
| 印 张 | 8 |
| 字 数 | 143千 |
| 版 次 | 2023年2月第1版 |
| 印 次 | 2023年2月第1次印刷 |
| 书 号 | 978-7-220-13116-5 |
| 定 价 | 49.80元 |

■版权所有·侵权必究
本书若出现印装质量问题，请与我社发行部联系调换
电话：（028）86361656

CONTENTS [目录]

## 第一章

### 机会还未来临的时候

不言弃,找到属于自己的机会　003

在困难中,活下去,等春来　019

在隐忍中等待　029

## 第二章

### 当你站在选择的十字路口

当你不甘心的时候　037

"两全法"与断舍离　051

我无比感谢这场提前到来的"危机"　056

别惹小人,这算不算一种胆怯　064

## 第三章

### 让坚毅成为你的人生底色

我只担心对不起付出的辛劳　073

在所有人的批判中,他演奏着　078

知识未必改变命运,但命运一定会改变知识　092

人生,是时间河流上的行船　098

有静气　101

## 第四章

### 别陷入机械化的人生

家乡与彼岸,究竟哪个才是魔山　109

制订的计划,就是用来打破的　114

世界有它的计划,但你应该另有计划　120

别让太长远的计划控制了自己　131

别让工作"驯化"了自己　136

我的拖延症是怎么被治好的　142

## 第五章

### 关于学习那些事

学什么，是很重要的事　149

为什么我不建议你像我一样学历史　165

未来，文科生为什么一定有前途　174

为啥您儿子不能像爱游戏那样爱学习　189

阅读和写作，都是修行　201

## 第六章

### 历史和人性的深处

去看看更大的世界　207

是谁让中国人如此迷恋考试　212

"从良"做点正经生意，咋就这么难呢　223

终将杀死你的，一定是你最熟悉的那个野蛮人　236

你得接受，有时真相不是只有一个　243

## 第一章

## 机会还未来临的时候

## 不言弃,找到属于自己的机会

知识星球平台上的一位焦虑的年轻读者来信(限于篇幅,信件略有缩减):

小西:

你好!

经朋友推荐,关注了你的微信公众号,你的很多文章都写得很棒。

我这几年有种越来越强的焦虑感,很希望听听你的看法。

我是2016年从一所985大学研究生毕业的,毕业后就考进了某国企工作,工作和收入在旁人看来都还可以。但是工作这几年,危机感却让我越来越焦虑。因为我上班后没多久,公司就提拔了一批早我们数年入职的同事。

领导开会的时候说，公司要任用年轻人，鼓励我们好好干，但我们同期的朋友们聚在一起，却都感觉工作没啥奔头了——顶头上司就是比自己年长不了几岁的"大哥"。而国企里的选拔制度你也知道，领导岗位就那么几个，人家做了你就不能做。而我们的企业发展已经进入停滞期，所以在可预见的未来，我们这批人能被提拔的机会是很渺茫的。

............

我也有一些同学毕业后去了一些私企大公司工作，听他们说，这几年公司里的新人想向上调级也变得越来越难了。原因和我们这边差不多——岗位都被比我们大一些的70后、80后占满了。虽然很多大公司吆喝着"三十五岁退休"，可是实际留任的中层依然供大于求。感觉在大公司出头也没什么希望。

当然，我也曾动过拉几个兄弟一起自主创业的念头，可是一番市场考察下来，发现那是一个更大的坑，如今各个创业风口上都站满了人，新跳进去的人是九死一生。

所以想来想去，感觉自己走哪条路都不会有出头的机会了,再加上未来几年经济预期似乎不太好,我才不到三十岁,难道人生就这么一碗水看到底了?以后的人生大约只有风险,难有惊喜?很郁闷。

感觉小西兄你对历史方面知之甚详,历史上有没有类似的人有类似的焦虑?期待你写一篇文章为我们讲讲。相信有我这种焦虑的同龄人可能不在少数。

以下是我的回答:

这位同学:

你好!

首先感谢你这篇洋溢着凡尔赛气息的来信。

你是名校研究生毕业,毕业就进国企,在一线城市打拼,每天想的不是这个月房租怎么办、饭碗怎么保住,而是再干多久才能在公司里出头,这对我们这一代大多数人来说,已经是过于奢侈的幸福的烦恼了。

所以,我的第一个建议是:作为已是金字塔尖儿上的人,你不用过于焦虑,先回头瞅一眼你自己那座已经建好的凡尔赛宫,平复一下心情,告诉自己:我已经很不错了。这年头,吃不愁喝不愁,你还愁啥?

心平气和之后,我们再来分析具体问题。你说的焦虑确实是我们这一代人当中存在的,因为人类很多时候就是这一代比上一代难。当代中国年轻人遭遇的困局,与20世纪末日本"平成青年"们的困局有那么点相似之处。简单说,就是想飞的猪太多,但风口已经被堵了。

日本在20世纪80年代末期以前,一直处于高速的资本扩张当中,资本扩张的一个副作用就是,所有企业都在拼命地尝试新领域。某个大企业注资一个新项目,今天刚成立一个组,明天就变成一个课,后天可能就是一个分社,然后就在纳斯达克敲钟上市了。赶上那一拨机遇期的青年们,提升速度当然就是很快的,一旦得到赏识任用,今天组长、明天课长、后天社长,眼睛一眨,老母鸡变凤凰。所以,你看那年头的日本年轻人,总给人一种暴发户的感觉,在东京银座街头,你不挥舞一打福泽谕吉(万元日钞),是根本打不到车的。

20世纪90年代泡沫经济崩溃以后,情况就完全不一样了。其实很多解读很片面,当时日本炒股炒房失败,从富翁变成"负翁"的人的确有，但还是少数。更关键的问题是，随着资本的收缩，供年轻人急速上升的风口也不再有了。各大企业都在收缩而不是新增平台，享受过巅峰时代、还在壮年中的前辈们能保住地位就不错了，自然没有那么多新岗位留给后辈。

所以，你观察一下日本平成这一代青年，能感受到两个鲜明特点：一是强烈的、感觉自己没有出头之日的倦怠感；二是对被他们称为"大叔"的那一批昭和末期会社人的隐隐的"羡慕嫉妒恨"：凭什么当年的好时候都被你们赶上了？现如今你们还把着正社员、高职位的位置不走？当然，昭和大叔们也很郁闷：增长停顿了，你们升不上去，这是我们的锅吗？催我们让位，给你们这帮小崽子让路，那我那一大家子老小谁来养？所以，指望前辈提携、忍让你，给你让路是不现实的，凭啥啊？人家又不是你长辈。于是，双方都拼命地较劲、加班、内卷，搞得全社会的气氛都非常紧张、压抑而使人看不到希望。这就是所谓的"日本精神"从高昂走向中衰的实质——代际之间人生难度在加剧而不是减轻，这让后辈们感到惧怕。

所以，你提的这个问题，实则是我们这代人该怎么走出类似的困局。但很不幸，我其实也无法做出很完美的解答，因为我自己也是局中之人，我也有与你类似的烦恼。

我讲讲自己的故事吧。其实我曾比你还焦虑。我是80末，但这其实无所谓，因为相比于80初和90末，我们这些80末、90初确实才是同一代人，因为我们赶上了同一场变革。

我在某一篇文中曾经提到过，中国绝对劳动生产率的增长是从2012年开始出现大幅放缓的，而那一年刚好是我毕业的年份。今天想来，其实那时我就已经隐约听到了内卷的号角。我毕业的时候也想过走学术的道路，但我读的专业是历史，继续读研的话，未来唯一的出路是去高校当老师，可是当时我那些师兄师姐们为了争一个教职打得头破血流的故事已经传得尽人皆知了。我预估了一下，觉得自己读书的速度显然赶不上内卷严重的圈子里学历贬值的速度。于是，我就毅然决然选择了逃避，赶紧滚出象牙塔，去混社会。但到了社会上，我依然逃不开内卷。我当时为自己选择的工作是去一家还不错的报社当记者，不谦虚地说，我当时干得还算不错，我是整个报社历史上第一个入职头一周就把评论文章登到二版上的人。入职第二年我就开了个人专栏，第三年我就拿了省一级的新闻奖。这些在我们报社的历史上都是头一遭的事情，但我依然写不出头，干了六七年依然是一个苦哈哈在一线靠码字算分结工钱的"文字码农"。原因何在呢？不是因为我没才华、不努力，也不是因为领导没给我机会，而是当时报纸

## 第一章 机会还未来临的时候

行业所面临的大形势,就是整体在走下坡路。报纸都没人看了,你在报纸上再费心竭力地写得花团锦簇,又有什么用呢?记得那会儿我看张宏杰写吴三桂,说吴三桂的前半生"都一直在一座冰山上攀爬",等他爬到顶了,大明这座冰山也基本化完了。我读这段时,总觉得自己当时就是吴三桂附体,在一个夕阳产业里,所有的努力都是没用的。后来,有一次同事小聚,有一个长我六七岁的前辈拍着我的肩膀说了句心里话:"小西啊,你要是赶上我们这一批入职时的好时机,像现在这么写,一定就成了。但现在,你还是得找别的出路。"之后那几年,我一直在想这位前辈的话,我想他说的确实是肺腑之言——人这一辈子,能不能活得有"节奏感"是很重要的。比如我若能比现在的年龄长个四五岁,在21世纪头十年报纸的黄金期入行,可能我会更早地积累到一定的笔力、名望与家底,等到四五年以后,微信等的风口来临时,我就能凭着这些资本,迅速地转换、切入微信,在微信公众号的黄金期吸一波红利。

再等到这两年微信公众号势头衰减,视频媒体兴起时,我可能就能腾出手来再去开辟视频领域了。可是,这个如意算盘终究打不成。现实是:在2013年"微信公众号元年"的时候我才刚入职,无论是笔力、知识积累还是财力储备都非常欠缺。当时我跟人合租在一个不足7平方米的小房间当中,隔壁的两口子还经常晚上打架,吵得我根本无法休息,更别说在自己的私人环境中阅读、写微信公众号了。直到2020年,我自己终于买了房,可以坐在电脑桌前安静地看看书、做做思考、写写文章的时候,我才开始了微信公众号的运营。而这时,微信的风口又早已过去,这个赛道已经杀成了一片红海,我可能要付出比前辈多十倍甚至百倍的努力,才能获得与他们差不多的影响力——甚至,大多数时候可能还达不到。

也许再过几年,等到我终于可以做出让自己满意的视频时,眼下红火的视频风口也会消散。相比于很多已经扬名立万的大V,是我没有足够的能力吗?也许并不是。这其实更多是个人生机遇问题。很多时候,你的事业就是讲节奏的,一步赶不上,步步赶不上,与才能无关。我常常觉得,命运这东西如果真的有,它对我们这一代人就是不如上一代人优渥,它在我们即将入世的时候激烈地剧变,机会不像以前那么多了,竞争越来越激烈,又没有给我们留出足够进化的时间来适应。所以,大量的80末、90初的人选择躺平,我觉得是有理由的——我们这一代人,从某种意义上说,确实是"活到坎儿上"的一代。人生的难度,相比上一代人,直线升高了。那怎么办?你让我讲历史故事,我就试着讲一个吧。

## 第一章 机会还未来临的时候

在文艺复兴艺术史中,有一件著名的公案,那就是同为文艺复兴后三杰的达·芬奇与米开朗琪罗的龃龉。说达·芬奇、米开朗琪罗"龃龉"其实都有点不准确,准确地说,就是米开朗琪罗对达·芬奇单方面羡慕、嫉妒、恨。

达·芬奇出生在1452年,米开朗琪罗出生在1475年,两个人差了二十三岁,但你看米开朗琪罗在与达·芬奇的交往中,一点都没有对这位前辈的敬重之意。据说有一次,达·芬奇正在跟一些朋友聊但丁,正巧看到米开朗琪罗来了,就非常宽和地对众人说:"我对但丁不熟悉,米开朗琪罗很熟,来,你来给大家介绍一下吧。"这当然是一个非常明显的对后辈提携和示好的举动,可是你知道米开朗琪罗是怎么接话的吗?

米开朗琪罗阴阳怪气地回了一句:"哟,我对但丁可没您熟。在您这样用泥塑都可以征服世人的人面前,我这种连青铜像都不被承认的人应该感到羞愧!"说完就扬长而去,把尴尬的达·芬奇撂下了。

米开朗琪罗这句话背后有个故事,就是当时的米兰公爵曾经邀请达·芬奇为他雕塑一个青铜骑马像,达·芬奇花了很多年的时间做好了塑像的泥塑,可是临到要铸造的时候,公爵为了打仗铸炮，拿不出青铜来了。于是，这座号称"世界第八奇迹"的塑像，仅仅以泥塑的形式保存了七年，就被毁掉了。达·芬奇的心血也白费了。

明白了这段背景，你就会觉得米开朗琪罗简直就是个浑蛋，人家前辈好意捧你，你却专往人家肺管子上戳刀。两人类似的故事还有很多，米开朗琪罗在其中都表现了对达·芬奇没由来的嫉妒和恨意。但两人究竟有什么仇什么怨呢？其实无他，无非还是"时代风口"的问题。前文说了，达·芬奇年长米开朗琪罗二十三岁，而两人都曾长时间在佛罗伦萨生活，这就造成了一个问题——当米开朗琪罗刚刚出道的时候，达·芬奇已经功成名就了。而一个社会的关注度总是有限的，给了达·芬奇，就不能再给米开朗琪罗。

米开朗琪罗在年轻的时候，据说不止一次遭受过被他称为"羞辱"的事情。比如，他费了半天洋劲儿给人画了一幅壁画，买主夸赞，说你这画画得真好啊，有点达·芬奇那个意思了……

这是什么概念呢？我估计我要是写一篇文章，有读者留言夸，说小西你这文章写得真棒，有点那个谁谁谁的意思了，那我肯定也怒，你什么意思？你这分明是不尊重我的劳动成果！而米开朗琪罗这人脾气恰好又比较暴,三两次这么被说之后,他就较上了劲儿——你达·芬奇不是绘画牛吗?好!算你狠,我争不过你。老子搞雕塑,雕塑总会比你强。

《哀悼基督》是米开朗琪罗的雕塑成名作。后来,米开朗琪罗就把重点放在了雕塑艺术上,而且也许是有意与达·芬奇做出区分,他雕塑的风格非常鲜明。达·芬奇描绘的人体往往严谨、含蓄,米开朗琪罗就刻意做得张扬、奔放,让肌肉如虬蛇般在人物身躯上盘踞,把人物的力与美夸张到极致。应当说,他是成功的,成功到即便五百多年以后,他中晚期的雕塑、绘画作品,很多人依然能一眼就分辨出,哦,这就是米开朗琪罗的作品——因为风格实在太明显了,没有一点错认的空间。

米开朗琪罗创作了《创造亚当》《大卫》,就这样把他的这种倔强融入了他的艺术中,让他的作品极具标识性。可是即便如此,他依然没有完全走出达·芬奇的阴影。

理由还是一个时代的风口、民众的关注度,以及赞助者们的腰包,总是有限的。有一个成熟的前辈在前,后辈能分到的机会就注定少很多。比如,达·芬奇在做他的米兰公爵骑马像时,全意大利都在谈论这尊注定将十分伟大的青铜像,把决意要在雕塑上干出名堂的米开朗琪罗的风头完全盖过了。万般无奈的米开朗琪罗，只能以不去碰青铜雕塑这个分类，小小地"傲娇"一下。可达·芬奇吸引了半天的注意力，最后却又什么都没留下来，那米开朗琪罗能怎么办呢？他当然要把积蓄已久的嫉妒、不甘与嘲讽，找一个机会宣泄出来：甭管达·芬奇有意无意，你就是挡了我这个后进的路了。

说白了，米开朗琪罗对达·芬奇的愤怨，其实朝向的是时代本身——我明明这么有才，又这么勤奋，凭什么不让我出头？因为米开朗琪罗的这个心结不是达·芬奇能解的，所以两个人的关系变得越来越紧张，甚至后来还产生了一段著名的"对决"。1504年，佛罗伦萨的市政大厅竣工，执政者不知是不是有意要"搞个大新闻"，特意邀请了达·芬奇和米开朗琪罗这对"王不见王[①]"的大师共同为市政大厅绘制壁画。这就属于存心挑事了，但两个人还真都答应了下来。达·芬奇画了一幅《昂加里之战》，直接描绘战争场景，画面上战马奔腾、骑士怒吼，一幅战争的残酷景象，堪称16世纪的《格莱尼卡》。

而米开朗琪罗则画了一幅《卡西纳之战》，描绘了士兵们在

---

① 王不见王：意思近似于一山不容二虎，形容在同一领域很强的人一般不见面，见面就必然会有冲突。

第一章 机会还未来临的时候

听到战争警报时那一瞬间的动作，把力量即将爆发之前的那种力与美描绘了出来。这两幅作品，谁的更好呢？

答案是没有结果。事实上，这两幅画最终都只完成了草图，达·芬奇后来因为一些事情，放弃了作画，米开朗琪罗一看自己的对手没了，也对这个工作怠慢了下来。最终，这场大师之间的世纪对决并没有分出胜负。但令人意外的是，这场比试却产生了一个意想不到的赢家。在两人的画作草图展出时，有一个年轻人静静地围观、临摹着两人的画作，他名叫拉斐尔，后来与达·芬奇和米开朗琪罗并列文艺复兴后三杰，也是最后一个"抢"到这张名垂青史的车票的人。

拉斐尔比米开朗琪罗还小八岁，米开朗琪罗所遇到的那种对自己"来晚了"的惋惜和怀才不遇的焦虑，他应该都有。

但拉斐尔与米开朗琪罗不同，他把自己的姿态放得特别低，特别善于学习。年轻时，他拜在画家佩鲁吉诺的门下，在他的工作室里作画，始终一心一意地给自己的"导师"打工，并力求把自己老师所有的门道都学到手。

拉斐尔的早期作品《圣母的婚礼》，被认为是他学习佩鲁吉诺的出师之作。

直到快二十岁的时候，佩鲁吉诺自己都不好意思了，亲口对拉斐尔说："你的水平已经超过我了，我不想让这小地方拖住你，你可以独立工作了，你应该到大师云集的佛罗伦萨去，到那里进行更多的学习。"于是，拉斐尔就这样拿到了老师的引荐，前往佛罗伦萨，在那里，面对达·芬奇和米开朗琪罗这两位光芒璀璨的前辈，神童拉斐尔一点都没有"被抢了风头"的焦虑感。相反，对于两人的每一幅画作，只要有机会，他都一定要去借鉴、去学习。取长补短，然后自己化用过来。比如，在米开朗琪罗和达·芬奇的那场"世纪对决"当中，拉斐尔就当了最后的那个受益者——两人都没有完成他们的作品，唯独拉斐尔画完了。那就是他后来的《米尔维安桥之战》。不难看出，拉斐尔的这幅画，同时借鉴了《昂加里之战》与《卡西纳之战》两者的长处——前者的骏马与后者的人体，前者的激烈与后者的蓄势待发，再加上拉斐尔独有的风格，这些被重新融合，浑然一体，成就了这幅名画。是的，达·芬奇与米开朗琪罗那场"世纪对决"的最终胜利者，是拉斐尔。作为后进者，拉斐尔应该看到了自己所从事的行当的难度在增加，但他这种海纳百川的学习能力和虚怀若谷、不急不躁的心态实在是太牛了。他仿佛是学会了"吸星大法"的令狐冲，前辈们再有什么神功，也无法阻挡他扬名江湖。"当令丹田，常如空箱，恒似深谷，空箱可贮物，深谷可容水。若有内息，散之于任脉诸穴。"于是到了二十五岁那年，拉斐尔接到了罗马送来的诏书："教皇想尽快在梵蒂冈见到拉斐尔，以便他在罗马与意大利最优秀的艺术家一起，为美化罗马而工作。"不久，梵蒂冈的画家们被告知：除了拉斐尔和米开朗琪罗之外，其余的画家全被辞退了。因为教皇认为，罗马只要有这两位大师就足够了。至此，拉斐尔站到了与前辈同样的位置上，抢到了时代留给艺术家们的那张宝贵的车票。拉斐尔依然没有放弃学习，他请求教皇向他开放尚未完工的圣彼得教堂，以便前去观摩米开朗琪罗在其中绘制的《最后的审判》。其实拉斐尔想得很明白，既然自己已经是后来者，那么前路上有多少吸引目光的前辈，都已经成了既定事实，给自己施加再多的焦虑，给对方投去再多的怨毒与嫉妒，都无济于事。

画好自己的画，走好自己的风格，把握好自己的节奏，然后等待时间给予一个评价，这才是一个后进者唯一能做的，也最值得做的。《西斯廷圣母》便是拉斐尔留给文艺复兴时代的至高杰作。

结尾，让我们再来看一看拉斐尔的另一幅名画吧，它叫《雅典学堂》。在这幅脑洞大开的穿越画作当中，拉斐尔一共画上了二十多位古希腊哲人。但你注意到了吗？在这璀璨群星当中，拉斐尔偷偷为自己留了一个位置，请看画作的右下角，在琐罗亚斯德与托勒密的身旁，有一个青年偷偷地扭过脸来，注视着你。

那就是拉斐尔自己。这是画家的调皮之处，也是他的高傲之处、他的自信之处——即便大堂中已经站满了人，我也坚信，画布上会有我的立身之所，我会成为那唯一从那画布中扭过脸来调皮地看着你的人。为此，我勤奋地学着，坚定地画着，默默地等待着。

拉斐尔出生在1483年，我想，这个15世纪的80后的故事，能给我们一点启发。必须承认，我们这一代人想出头，注定会比上一代人难上许多。你必须比你的前辈优秀很多，才能做到与他们相似的成绩——因为人家有风口，而你就是没有。所以，请调整好心态，别焦躁，别愤怒，更别嫉妒，因为你焦躁、愤怒、嫉妒了也没用。同时，别忘了学习。

学习，这是这个下一代比上一代活得更难的时代里，你唯一可能用以出头的办法。总之，记住那个心法吧："当令丹田，常如空箱，恒似深谷，空箱可贮物，深谷可容水。"信呗，不然能咋办呢？令狐冲当年在牢底学吸星大法的时候，也没想着自己真能凭此脱困……

## 在困难中，活下去，等春来

《演化》这本书，是我喜欢的书。卡尔·奇默是我很喜欢的生物科普作家。

我本来是个理科生，不谦虚地说，我理科其实学得不差，高考理综只扣了六分。但大学时我却转去学了历史，因为我从小更喜欢看那些有历史感的东西，我喜欢读历史，喜欢历史给我带来的那种千帆过尽、沧海桑田的感觉。但转了专业没多久，我就发现自己可能还是选错了行当。那一年是2009年，我看了丁仲礼院士与柴静的那场著名对谈。两个人当时谈的是气候变暖和碳排放的问题。柴静当时问了一个问题：我们应该做些什么拯救地球呢？

丁院士纠正说："这不是人类拯救地球的问题，这是人类拯救自己的问题，地球不需要人类拯救。地球气温比现在高十几摄氏度的时候有的是，地球就是这么演化过来的，灭绝的只是物种，该问的是人类如何拯救自己，而不是人类如何拯救地球。"

时隔十几年再看，柴静和丁仲礼的这段对话，犹如蝴蝶扇动翅膀，给后来的舆论场带来了一场他们自己都意想不到的"飓风"——比如工业党的兴起，比如反西方思潮的兴盛。但我关注的并不是这些，我当时感到特别好奇的一个问题是：丁仲礼院士说的那个事情，是真实的吗？地球的气温，确实曾经变动如此剧烈吗？当时的世界，究竟是怎样的？于是我开始找相关的书籍来看，经常去学校的理科图书馆（当我是理科生时，我经常去泡文科图书馆，可成了文科生后，却总是待在理科图书馆。我的大学过得就是这么奇葩）。学习之后我发现，丁院士好像还是把地球的"脾气"说得太温柔了。

这根本就不是气温变化十几摄氏度、二氧化碳多点少点的事情。随便举几个生物史上的例子，说明一下地球变化之大。在距今24亿年前，由于能进行光合作用的蓝细菌的出现与繁殖，大气中的主要温室气体（二氧化碳和甲烷）被大量消耗，地球出现了一次急剧降温，冻成了一个"雪球"，进入了所谓的休伦冰河时期。这是地质史上第一个持续最久也是杀死生物最多的冰期。

相比之下，人类祖先和猛犸一起赶上的那场冰期真是小巫见大巫，因为这场冰期持续了整整3亿年！在这3亿年中，地球远远看去，就像木卫二①一样，是个似乎了无生机的冰球。如果不是之后机缘巧合之下，一轮剧烈的火山喷发与地壳运动重启了生命的进程，那么整个地球的生命演化史，可能就这样被永久封冻了。在距今2.5亿年前，位于西伯利亚地区的超级火山喷发了。这场火山喷发持续了整整20万年，喷发的岩浆面积达700万平方公里，给地球带来了100多万亿吨的碳排放，整个地球变成了一座人间地狱。

持续的火山喷发杀死了当时地球上99%的生物，90%的物种直接灭绝了。地球历史上一共经历过五次生物大灭绝，分别是：奥陶纪末生物大灭绝，泥盆纪末生物大灭绝，二叠纪末生物大灭绝，三叠纪生物大灭绝，白垩纪末生物大灭绝。然而，和二叠纪末生物大灭绝相比，其他四次生物大灭绝都显得那么微不足道……

还有持续百万年的暴雨——卡尼期洪积事件。还有持续10万年的"高烧"——古新世-始新世极热事件……

---

① 木卫二：在1610年被伽利略发现，是木星的第六颗已知卫星，木星的第四大卫星，在伽利略发现的卫星中离木星第二近。

如果说人类历史的变化是"沧海桑田",那么地球历史的变化,应该就是无数次的沧海桑田。冰封与烈火,极寒与酷热,地球都经历过。变动之剧烈,筛选之残酷,是任何未接触过这门学科的人无法想象的。

而生命远比我们想象中的坚强。它居然在这样剧烈的变动中存活了下来,发展了下去。所以,大学毕业后这么多年,每当我心情不好、看不透时局、对未来满怀担忧与焦虑的时候,就会去找一本古生物演化方面的书籍来看。它们对于我来说,就像是加强版的《逍遥游》——天地不仁,以万物为刍狗。自然从来没有向生命许诺过什么恒定,历史也从来没有向个体许诺过什么太平。世界永在,它并不需要我们拯救,但我们需要自救,就像古生物们挣扎求存,并生生不息一样。

即便没有敏感的神经,我们也会发现,无论是自然环境的"大气候",还是人类社会的"小气候",很多巨变都在坚定而并不缓慢地一步步发生着。

我们看到了旧有世界秩序的危机与坍塌;我们看到了人类在疫情和科技红利行将耗尽时的混乱、迷茫与认知分裂。

我们还见证了无数在旧时代风头无两的人物、企业或生存模式的骤然终结。我们变得无比怀念那个刚刚过去的人类文明的黄金时代。哪怕一首歌，也能勾起我们对它的回想；哪怕一幅画，也能串起我们对它的追忆；哪怕一个童话，也让我们倍感珍惜。而在更多我们看不到甚至无法言说的地方，无数生灵在走向衰亡、凋谢，无数言说已经陷入了沉默。

虽同在一个时代，但我们也许根本看不懂，彼此正在做什么，而这一切的根源，是一种困惑和焦虑。因为刚刚过去的那个时代，是我们的文明乃至整个人类历史上都难得而罕见的太平岁月。我们习惯了那种太平的生活，并把安逸当成了常态。但现在，这个偶然结束了。人类必须重新出发，在乱纪元里挣扎求生。

"小西，我想不明白，这个世界怎么了？文明与理性的终结要到来了吗？"曾有朋友这样悲观地问我。

我想，文明是不会有终局的。每一个严冬过去后，遍地的春草都会重新萌发；每一场灾变停息后，所有生态位都会重新被新物种填满。

两千多年前，西塞罗死了，他的双手被政敌安东尼砍下，钉在门板上警示反对者。但他的著作和思想依然留了下来，等到人文精神重新复兴，自会有人借着他的名号继续思考，继续前行。

是的，就像地球其实不需要拯救，文明与理性也不需要拯救。即便这一代人彻底迷失了，许久过后也会有人重新出发，奋勇前行。

可是，我们每个人的确需要自救。在变局中，我们需要活下去。活下去，活到灾疫终结，活到变动止息，活到万物复生。

而这需要一种智慧。这种智慧我们与其从人类历史中获得，不如从自然史中获得。因为自然演化中遭遇的那些变动，其实更猛烈，更频繁。那么，它是什么？

首先，是"不出头"，不把自己搞得太显赫、太大。在生物演化史上，我们看到那些曾经煊赫一时的顶级猎食者，无论是古生代的巨型羽翅鲎、邓氏鱼，还是中生代的霸王龙，在时代平缓发展的太平岁月里当然风光无两，可是一旦变局来临，它们总是死得最干净的。理由很简单，因为这些站在金字塔尖上的存在，其实最经不起变动，一点点环境的变化，往往就会造成它们脚下整个金字塔的崩塌。而在人类社会中，道理也是一样，那些最煊赫一时的人物往往最经不起波折，变局来临时他们的崩塌只在一瞬间。

所以，收敛锋芒，不要出头，在变局已经来临时尤该如此。

其次，是保留变化，不走极端，不过于特化，把自己的演化潜能用尽。在生物进化史上，我们看到过无数将生命的进化潜能发挥到极致的物种，它们跑得飞快，长得很高，潜游万里，翱翔天际。但这种生存方式太极端了。一旦巨变来临，自己所在的生态位被暂时关闭，这些走进进化死胡同的生物就没辙了，高度特化的器官没办法适应环境的变化。

所以，它们都灭绝了，最终能活下来的，反而是那些坚守基本生态位，"保留变化"的"基本型"物种。所以，在巨变之中，不要将自己搞得过于"特化"，不要过于专注某种生存方式，或只醉心于一种主张。保持饥饿，保留变化。

当然，最重要的，还是要善良，要讲道德，要与其他善良的人们守望相助。我曾经跟一些有社会达尔文主义倾向的朋友有过一些争论。社会达尔文主义在当今中国的一个变种，就是把道德和善良视为一种累赘或过度文明培养出来的矫情。但人类历史和自然史恰恰都告诉我们不是这样的。人类史告诉我们，道德是一种人类在尝试构建自己的社会形态时，所摸索出的最深刻的理性判断。而自然史则告诉我们，善良是我们的祖先得以存续至今并站上万物灵长之位的最关键的本能。

我们的祖先，他们对于他们的子孙后代是善良的，所以才会悉心地哺乳、抚育、呵护他们的幼崽，所以才能在灾变来临时，增加自己后代的存活概率。他们对自己的同胞也是善良的，所以才能在危险来临时，不顾自己的风险发出预警，在同伴落难时伸出援手。甚至为了更好地做到这一点，我们进化出了镜像神经元。它的产生，让我们有了语言、艺术与音乐，更让我们理解了什么是同情，什么是公义。

是的，人类总是喜欢反思和苛责自己的残忍，但事实上，整个生命史上，没有任何物种像人类整体所呈现的那般重视同类、在乎社群以及能够为维护道德与正义献身。这种行为，如果不能被解释为孟子所说的"天良"或基督教所说的"上帝的启示"，那么我们就只能认为：善良恰恰是进化中最犀利的武器，我们的先祖正是通过应用它、强化它，挺过了一个又一个严冬与巨变，一直到今天。所以，在剧变之中，让我们保持渺小、保留变化、保卫良善。这是面对巨变时自然史与人类史共同教给我们的生存秘诀。这些，再加上一点好运，也许就能帮我们渡尽劫难，看到希望。两千多年前，老子在《道德经》中说："我有三宝，持而保之。一曰慈，二曰俭，三曰不敢为天下先。"

## 第一章 机会还未来临的时候

对比一下，你会发现老子说的也就是这个意思——慈就是善良；俭就是保留变化；不敢为天下先，就是不出头，不做那个树大招风的巨无霸。而"宝"其实通"保"，也就是保留、活下去的意思。于是，老子又说："慈故能勇；俭故能广；不敢为天下先，故能成器长。"

因为"慈"、因为善良，所以我们勇敢，为所爱的人、为值得的事业不畏惧，心怀坦然。因为"俭"、因为保留变化，所以我们"能广"，我们的思想与心态是开放的，能在最大的范围内寻觅生计，在最广博的思想里获得启迪。因为"不敢为天下先"，因为不站上顶峰，所以我们不容易坍塌，当灾变来临、变革的凛冬将至，山峦会崩溃，巨兽将倒下，可我们会蜗居在山洞里，依偎着微弱的理性与良善的火光，与知心好友们讲讲往事、诉诉新知，静静地等待灾疫过去。

所以，请等待。等待一元复始，万象更新。曰慈，曰俭，曰不敢为天下先。

对于这个艰难而变动的时代，可能很多人并不怀念它。可是我仍想将这话送给大家。

它是老子的话，也是我走过这段岁月，真实的体会。

我不断地写文章，写着写着，我也三十多岁了，我越发感觉，活着，就像读一本很难啃的书，虽然过程可能痛苦，可是我们总还是获得了一点什么。

我们不断地在流失的岁月里成长，获得新的感悟与启迪，这就足够了。

活下去，等春来。

## 在隐忍中等待

前两天有位读者问我：小西，中国的古代帝王里，你对谁评价最高？

这个问题其实我过去写过。中国古代帝王中，我喜欢的不多，非要说的话，从治国理念和施政效果上看，我当然最喜欢汉文帝、宋仁宗这种。而从个人性格、生活方式上来讲，我觉得我最佩服的，是个挺冷门的皇帝——南北朝时的北周武帝宇文邕。

宇文邕这人，怎么说呢，我觉得他是拿了汉献帝的剧本，却几乎完成了统一华夏、止战安民的伟业。

他即位的时候，内有权臣宇文护当道，他的两个哥哥都相继被他们这个大堂兄给弄死了，外则是已经延续了两百多年的两晋南北朝乱世，自公元311年永嘉之乱之后，老百姓都快忘了太平日子是咋回事了。

以这个开局而论,似乎宇文邕能像汉献帝一样安度一生,能做到"苟全性命于乱世",就已经很不错了。

可是他最终的功业,远远比这伟大得多。

他的选择是上台以后先深为韬晦,同时不停地给宇文护戴高帽,在朝堂上都不喊宇文护名字,而是呼之为"阿兄"。这让大家觉得他就是个废柴傀儡皇帝。

终于,在当了十二年傀儡皇帝之后,有一次宇文护班师回朝,宇文邕便说要引见他去见太后,从前朝往后宫走的路上,宇文邕一边走,一边对宇文护说:"太后年事已高,但是颇好饮酒。虽然我们屡次劝谏,但太后都未曾采纳。如今哥您回来了,可得好好去劝劝太后。毕竟,还是您说话好使啊!"

可能这种高帽在宇文邕给宇文护当傀儡的这十二年中,实在是太常见了,宇文护只道是寻常,一口就答应了下来。

可是真到了后宫、见了太后之后,当宇文护捧着一张《酒诰》对着老太后读得正起劲时,当了十几年懦弱之主的宇文邕突然斯巴达附体,就用自己手中的玉圭,照着宇文护的后脑勺就是一击。

久经战阵的宇文护，估计从没想过宇文邕这个他从来没看得起的人会不讲武德，偷袭他这个已经六十岁的老同志，大意了，没有闪，当时就被拍那儿了。

随后宇文邕君子豹变，立刻命令左右格杀了这个权势熏天的三朝权臣。

读史每看到这一段时，我总是忍不住击节赞叹。

中国历史上，被权臣架空的皇帝不少，尤其是南北朝那段，更是常规戏码，可是这些皇帝往往要不就是真废柴，一躺就躺一辈子，束手待毙；要不就是高贵乡公曹髦，上来就吼"司马昭之心，路人皆知"，恨不得当即就把权臣弄死。懂得深为韬晦的主本来就少，能在韬晦之后，不假他人之手，自己上去抡板砖拍权臣，还成功了的，更只有这一例。

而夺权之后的宇文邕依旧展现了他总是在"废柴"与"英主"之间反复横跳的谜之气质。

从英主一面讲，他主政的短短几年间，就释放奴婢、削抑世族、鼓励工商，把魏晋以来困扰中国数百年的积弊整顿清理了。

但论"废柴",你能看出宇文邕有时候还是那个懂得"深为韬晦"的他。比如说,他曾经数次出兵讨伐北齐,但往往一看条件还不成熟,就果断选择退兵保存实力。而且退兵的理由也特别奇特,不像很多皇帝一出师不利就怪罪大臣,宇文邕在诏书里往往直接就"请病假"。等到下次再出兵的时候就会说:上次伐贼,大家表现都不错,贼(北齐)差一点就被我们讨灭了,就是朕的身子骨太不争气,拖了后腿,没关系,这次咱一定能成!

就这么反复了两三次,宇文邕终于抓住机会,伐灭了北齐。

可以想象,如果不是天不假年,他一定能完成"平突厥,定江南,一二年间,必使天下一统"的伟业,而不需要等到他的亲家隋文帝杨坚来完成。

后世给宇文邕的谥号是周武帝。其实,我一直觉得,中国古代的这个谥法传统其实是有弊端的。因为一个完善的、能够成事的人的人格,一定是一个有着不同侧面人物特点的,甚至有时有点自相矛盾的多面体,注定无法用一个字来简单概括。

他当然要有自己的志向、有自己的操守,能够持之以恒地去做某件事,但同时,该韬晦的时候,他也应懂得韬晦。

就像宇文邕，无论是在老大哥面前装孙子，还是打仗时"请病假"，我觉得都是他的谋略所在，也是可爱之处。

在三国两晋南北朝那样一个中华文明陷入死局的乱世，可能真的就需要这样一个懂变通、懂韬晦，又坚定而执着的英雄来终结……

谈议儒玄，深为韬晦。

垂拱深视，张弛有道。

心有板砖，待时而动。

——真的，我真挺佩服宇文邕这人的。

好了，写这么多，无非就是为自己也当一天废柴，请一天假找个理由。今天过得挺颓废，挺躺平，但偶尔这样优游岁月，其实也不错。

# 第二章

## 当你站在选择的十字路口

# 当你不甘心的时候

2022年5月,我的微信公众号后台不断收到一些临近毕业的同学的来信,我挑选了其中一封来回答,希望对有相同困扰的读者朋友能有所帮助。

照例,他的来信我还是稍作了加工,隐去了部分隐私信息,并用了化名。

小西:

你好!

前两天看了你答毕业生的文章,觉得与我们这届学生的苦恼还真是相似的。

但我的情况也有些特殊之处,纠结中,看你文章很久了,万望你特别关照一下,给我个解答!

和那位同学有点像，我也是个×市（某一线城市）211大学的学生，学了个不算特别硬的工科专业，再有几天就毕业了，面对两个选择，可我还是没想好到底怎么选。

一条路是我爸妈帮我选的，在老家找了一份还算安稳的工作，单位是个国企，我走了流程拿了录取通知书，虽然专业不对口，挣得也不多吧（听说每月会有五六千），但确实比较安稳。老家在准二线，消费不会很高，房子能立马解决，照我爸的说法，今年能找这么个工作已经够不错了。

可我始终还是有点不甘心，见过了外面的世界，真的不太甘心再回到老家那个小圈子里，过一碗水看到底的生活。虽然今年经济不好，但机会一定还是大城市多，不想放弃。

另一条路是，我一个同系的学长给我介绍了一家刚创业的小公司，他们给的薪水比老家那边高一些，但留下来自己打拼，光租房每月就要花掉工资的一半，而且听说那家公司人员流动性特别高，不一定能干多久……

当然，讨论这事儿时，我老爸说过我："他们公司不稳定，这不就是你最想要的吗？"

## 第二章 当你站在选择的十字路口

听他这么讽我,我竟无言以对。

…………

所以到底该选哪条路?我好纠结。

另外,小西你在那篇文章里说,美国大学生车库创业的很多,但你不看好中国大学生这样做,能具体谈谈为什么吗?多谢了。

威特鲁威

以下是我的回信:

威特鲁威:

你好!

你的来信,让我想到了一个现象:给我写信,让我帮他们做选择的大多数读者,他们在来信前,自己其实已经有了一个选好的答案。之所以还要问我,无非是因为他们还不太甘心——不甘心放弃另一个其实已经被他们在心中放弃的选项。

恕我直言,其实从你的陈述中,我感觉你也已做好选择了。你想放弃北上广,遵从父母意愿回老家去国企工作,只是觉得这样是把自己的梦想甚至人生的可能性交代了,很不甘心,甚至十分痛苦，觉得进了保险箱，也进了牢笼。所以，你需要有人帮你开解一下，我说得对吗？

好吧，如果确实是如此，那我就来帮你开解一下，替你分析一下你这样选，为什么是有道理的。

实话实说，你现在的境况，跟十年前的我其实有点相似。十年前，我刚毕业的时候，虽然专业没你的吃香，不过就业形势和学校稍微好一些，一定要留上海的话也不是留不下。当时我就面临两个选项，一是回家乡所在的省份，进体制内，做一个还算安稳的工作；另一个则是接一家小型文创公司的offer。两边的工资差不多，许诺的都是五千。

当年的社会气氛，比现在可能还稍微活跃一些。"留在北上广"对年轻人来说是一件更有吸引力的事情，毕业就滚回老家似乎挺丢人的。

就像你说的，见过大城市的繁华，就这么回去了，我不甘心。

但是，那天，我在宿舍里给自己列了一张表，把生活在两地大体的开销，工作、通勤所需花费的时间，两份工作的稳定性，能否发挥我的才能,等等,都一条一条地列了出来。比较了一下两条路的优劣。

结果我发现,看似很屌的"逃离北上广"对我反而是更有利的选择。因为如果留在上海,即便租最便宜的房子,一个月也至少要花两千元,剩下两千多的工资,还要交水电费、通勤费,解决餐饮、娱乐之需。总之,日子会过得非常拮据。而我要去做的那份工作,像你现在一样,是不安稳的,发展的预期不确定,且工作时长还无法保证。我这个人喜欢读书,并坚信多读书会对我未来的发展起到关键作用。而如果我这样选,是没有多余的时间和金钱用来读书积累的。

是的,积累,列完那张表以后,我发现这个词才是决定选择的关键。

像你,一方面迷恋北上广,认为那里机会多,理想很丰满;但另一方面,又总感到现实的"骨感",发现有机会你也抓不住。根本原因是什么呢?

就是因为你的积累还不够,这个积累不仅仅指的是你的能力,也有金钱、房产、人脉等,而想要让自己的积累达到足以抓住机会的"燃点",你就必须向其投入足够的时间、精力和金钱。

而如果你在北上广找一份工作，让工作榨干你的时间，房租和高消费榨干你的工资，你依然是没有积累。你貌似把自己留在了北上广，但实则你的人生是在"空转"，你只是在空耗你的年华。

是的，这其实就是大多数北漂、沪漂，漂了半天总感觉自己一无所有的原因。前几天我在B站上刷到一个UP主[①]的视频，她年纪跟我差不多，那个视频的内容就是感叹自己在北京漂了快十年了，依然是没房没车没家没男友，换了七八份工作，每份都忙得脚不沾地，最后自己啥也没剩下。

是的，挤地铁、"996[②]"、交房租、换工作，这就是大多数漂在一线城市年轻人的真实日常。而没有积累，或者少积累的"空转"，让他们始终达不到那个能抓住机会的"爆点"，这是大多数北漂、沪漂注定将遭遇的无奈悲剧。

而你，我要说你是幸运的，回家，到国企去做那份朝九晚五的工作，虽然看起来挣得少一些，但你攒下的钱和自己的业余时

---

[①] UP主：UP为upload（上传）的缩写，UP主即上传者，网络流行词，指在视频网站等上传视频、音频文件的人。

[②] 996：指早上9点上班、晚上9点下班，中午和傍晚休息1小时（或不到），总计工作10小时以上，并且一周工作6天的工作制度。

间都会更多。而且从描述上看,你父母是能给你提供助力的,这就决定了你如果还想上进的话,能够一定程度上"好风凭借力",更迅速地完成自己的积累期。

所以,一线城市机会多,二线城市机会少,这话确实对,但这个事实是说给所有人听的"大道理"。

而回老家你能得到的"积累"多,留在一线城市你将得到的"积累"少,这是属于你自己的"小道理"。

你记着,在这种"大道理"与"小道理"相抵触的时候,一定要听"小道理",因为它是为你量身定制的"专属甲胄"。

这像什么呢?

你知道刘备与诸葛亮的"隆中对"吧?

那一段可不是《三国演义》的原创,是陈寿在《三国志》当中就已记载的。

你看那一段就很有意思,刘备见了诸葛亮以后,是怎么说的呢?

他说:"今汉室倾颓,奸臣窃命,主上蒙尘。孤不度德量力,欲信大义于天下，而智术浅短，遂用猖蹶，至于今日。然志犹未已，君谓计将安出？"

而诸葛亮又是怎么回答的呢？

诸葛亮说："自董卓已来，豪杰并起，跨州连郡者不可胜数。曹操比于袁绍，则名微而众寡，然操遂能克绍，以弱为强者，非惟天时，抑亦人谋也。今操已拥百万之众，挟天子而令诸侯，此诚不可与争锋。孙权据有江东，已历三世，国险而民附，贤能为之用，此可以为援而不可图也。荆州北据汉、沔，利尽南海，东连吴会，西通巴、蜀，此用武之国，而其主不能守，此殆天所以资将军，将军岂有意乎？益州险塞，沃野千里，天府之土，高祖因之以成帝业。刘璋暗弱，张鲁在北，民殷国富而不知存恤，智能之士思得明君。将军既帝室之胄，信义著于四海，总揽英雄，思贤如渴，若跨有荆、益，保其岩阻，西和诸戎，南抚夷越，外结好孙权，内修政理；天下有变，则命一上将将荆州之军以向宛、洛，将军身率益州之众出于秦川，百姓孰敢不箪食壶浆以迎将军者乎？诚如是，则霸业可成，汉室可兴矣。"

你用心分析一下，会发现很有意思：刘备和诸葛亮的这一问一答，就是一对"大道理"与"小道理"的争论。

你看刘备提问题说的那一套,什么"汉室衰微"啊,"奸臣窃命"啊,"主上蒙尘"啊,"欲信大义于天下"啊,这些都是"大道理",适用于所有人,刘备可以这样讲,孙权可以这样讲,曹操不用这么讲,人家积累够了。

所以,刘备活了这大半辈子,其实没太活明白,他见诸葛亮时,一说话还是跟我们很多大学生刚毕业时谈就业一样,开口就是一堆的大道理:什么"经济下行"啊,"北上广发展机会多"啊,社会整体就业形势怎么样啊,哪个行业更好啊……

这些对吗?都对,但这些都是大道理、大形势,不解决你个人怎么做的问题。大势是这样的,但更关键的问题是,你自己该怎样?

而诸葛亮为什么是"卧龙"呢?他聪明就聪明在,知道这些大道理如果不结合自身的实际情况,是没有用的。

所以,你看他一开口,谈的全都是基于每一方势力的小道理,曹操怎样、孙权怎样,而刘将军你又该怎么样。

这才是最该思考的。

说来也非常巧,诸葛亮给刘备指出的最重要的"小道理",

就是：刘备你现在"积累"不够——兵微将寡。

所以，现在最关键的问题是要拿一块地盘，作为自己的"基业"。

那这个"基业"到哪里去取呢？

诸葛亮说你去荆州、益州取！这两个地方虽然不像中原一样是"一线"，看似不发达、机会少，但比一线竞争小啊。你不是智虑斗不过曹操么？你不是东奔西走很无家么？竞争相对较小的荆、益恰好是你的用武之地啊！你先在这里扎下根基，完成了积累，等待时机，一旦"天下有变"，你再杀回一线去就是了！

这就是诸葛亮给刘备出的主意。你说这个主意有多奇绝，其实未必，地图就那么大，刘备原先眼瞎么，看不到有荆、益二州吗？

他当然看得到。那他为什么自己没明白这个道理呢？

因为他和你现在一样不甘心，他总想硬碰硬，留在机会更多的中原，看看能不能像曹操一样"一步到位"，直接把自己的大业办成了。

诸葛亮给他的建议，就是先泼冷水：对曹操"不可与之争锋"，你现在实力不够，能走的有且只有先取"基业"，做好积累，再等机会。

而且我觉得，诸葛亮的"隆中对"中，还包含着一种思想：他认识到成功是一枚种子，会自行发芽、生长。

这里推荐你一本书，《从1到100：模仿与创新的经营学》。

如果你不经商，其实也不必真正去读它，接受这本书传达的一个思想就好了。

在这本书中，作者井上达彦（不是画《灌篮高手》的那个）就说：人们总是赞美"从0到1"的突破式创新，但实际上这种创新是很难的。更多也更容易的创新其实都是模仿式的，是"从1到100"。你要先找到一个行之有效、可资模仿借鉴的成功范式（所谓的"1"），然后让这个成功范式像种子一样生根发芽，像滚雪球一样越滚越大，自己长成那个"100"。这才是更靠谱的成功方式。

你用这种观点去看刘备的前半生和后半生，就能发现道理是一样的。刘备前半辈子当"中漂"（中原漂泊者）的时候，就一直想完成"从0到1"式的创新。

什么义领徐州,什么衣带诏,什么联合吕布打曹操、联合曹操打吕布、联合曹操打袁术、联合袁绍打曹操、联合刘表打曹操,这些都是他"从0到1"的创新。

按现在的说法,刘备这前半辈子,"跳槽"了无数次,是个典型的"连续创业者",只可惜,他一次都没成功过,他不知道成功的范式是怎样的。所以,他只能"漂"。

而诸葛亮给他出的主意的核心,就是先稳住根基,成功一次再说。

刘备很聪明,诸葛亮一点,他一下子就开窍了,在联吴抗曹的过程中,他通过模仿和扶助获得了一种"成功范式",然后很迅速地就让这种范式"从1到100",让成功长成了一棵参天大树。

这其实就解答了你的那个问题:

我为什么不觉得中国大学生能复制美国式的"毕业即创业"。美国中产阶级家庭的孩子,他们在学生时代往往就通过打零工接触社会了。比尔·盖茨、乔布斯这帮人赚到他们第一笔工钱的年纪，我们都还在刷《五年高考三年模拟》呢！

所以，当比尔·盖茨、乔布斯这帮人开始创业时，他们其实带着已经被验证成功的"种子"用以模仿、生长的。

而我们现在的大学生，临到大三、大四，才开始在学校、当地政策的鼓励下，闭门造车地写创业策划，他们根本不知道成功的范式是怎样的。

所以，我们大学生创业，搞的多半是"从0到1"式，或者说得更确切些，这叫"驱市人而战之"。

这事儿吧，就点到为止好了。

说回你自己的情况，我觉得你去一个相对稳定的企业，多做一段时间，积累一下经验也不错。因为在这个过程中，你会获得属于你的那个"1"，你可以观察、学习、模仿那些成功的人，有了这个借来的"荆州"，模仿来的"成功之种"，相信日后，只要你雄心不死，你会有让它生根发芽的一天。

总之，我给你的建议，跟你在来信中透露的倾向是一致的。既然形势如此，在一线城市就是漂，很难完成你现在急需的积累，那你就先安心回去，先去扎牢自己的"基业"，"保其岩阻，西和诸戎,南抚夷越,外结好孙权,内修政理",待机会来临,你的积累也达到了,再杀回去就是了。

若天下不变,当个"汉中王"也不错,你说对吗?

总之,这条路无论如何都比你在一线城市毫无积累地"空转"要强得多。

这就是我给你的建议,不指望像"隆中对"那样精彩吧,只希望你看过后能坚定自己的选择,好好完成你的积累。

不要担心回去以后你自己会被拘束住,记住,只要你雄心未灭,你随时都有选择权,随时都可以出祁山,随时都可以"明朝携剑随君去,羽扇纶巾赴征尘"。

真正能拘束你的,其实只有你自己的胆识,你的内心。

## "两全法"与断舍离

2021年的考研季期间,我收到一位读者的来信。他说:

小西,我是你的忠实读者,最近遇到了一个让我很痛苦的难题。我在国内准二线城市一所非985也非211的学校读工科,前几个月刚跟大学里喜欢许久的女孩告白成功并成为男女朋友,但现在的问题是,我是"考研党",目标大学是北京一所名牌院校,因为已努力很久,我相信成功概率很大,而女友是"工作党",她家就是本地的坐地户,眼下已经有了她自己与父母都很满意的工作。

现在我纠结的是该不该为了女友改变我筹备多年的人生规划(我家是同省某县城的),是应该在考上后跟女友异地恋,还是暂时放弃继续深造,先在这座城市工作一段时间，待两人关系稳定后再做打算。可我总觉得这两种都并非"两全法"。我该怎么做，才能两全其美呢？切盼你的回复。

看过我的"西塞罗来信"系列比较多的朋友都知道，对于我所挑中的读者提的问题，我一般都会给一个比较明确的答复。但唯独这篇提问，我非常直白地告诉这位同学：我答不了。因为他问我的，其实是一个到底要舍弃梦想还是舍弃爱情的问题。而且从他的提问方式看，他给每一个选项都披上了一层不那么残忍的面纱（放弃考研，被他说成是"先稳定，暂时放弃"；离开刚确定关系的女友，奔赴异地，他依然想要保持异地恋）。这个提问方式显现出对于梦想和爱情，其实哪一个他都很难割舍，一旦将来真的把其中某一个搞丢了，他一定会回过头来后悔，后悔自己当初的那个决定。不管他怎么选，后来发展如何，这种心情一定会在某个时刻来临。到那个时候他要怨谁呢？我相信，怨自己总比怨别人能让他到时稍微好受一点点。

我要诚实地回答这位同学：你的这两个解决方案都不好，没有基础的异地恋很难维持，而先工作，"稳定"后再考研的思路可能性会更低。世间难得两全法，可能你必须得在学业与爱情之间做个取舍。至于怎么选,不要问任何人,只能由你自己。

这不是旁人对你无情,我知道这种选择对你来说很痛苦,但正因为很痛苦,这样的决定,只有你自己去做,才能变得不那么疼一些。

回答完他的这个问题,我突然想起了萨特的那句话:"人的一生就是一连串的选择,无论我们的存在是什么,都是一种选择,甚至不选择也是一种选择——你选择了不选择。而人之所以痛苦,就是因为要面临一次又一次的选择。"我曾觉得这段话很经典,但现在想来,萨特其实没有真正把意思点透。人的每一次选择中其实都包含了对一种人生可能性的放弃,所以人生是痛苦的。

真正痛苦的来源,不在于选择,而在于我们要不停地与人生某些可能性"断舍离"。而这种"断舍离",我们一般将其柔和地叫作"成长"。是的,残酷地说,成长其实就是一个不断消减你人生可能性的过程。仔细想想,这位来信的男生所遇到的那种难题,我们其实都曾遇到,只不过变换了一点问题的形式而已:我们在青春正当年的时候遇到一个喜欢的人,是驻足停下,与他(她)终成眷属,还是斩断情丝,继续前行?当我们走入婚姻的殿堂,两人情深日笃,是趁热打铁,要一个爱情的结晶,还是以事业为重,先把自己的人生调试到一个满意的状态?当父母老去，你是迁就他们的心愿，选一个稳定的工作，还是去某个大城市再拼一把？

在这些不停的选择与放弃当中，你的人生之路不可避免地会越来越窄，一切其他的可能都成了回忆，你的眼前就只剩下了一种可能，无论你愿意与否，你都要将这种可能性品味完。而这，就是老去。我二十刚出头时，刚认识到这一点的时候，觉得特别痛苦，像从我身体上割下一片肉一样疼。再后来，选得多了，反而反应没那么激烈了。但我自己知道，并不是不疼了，只是麻木了。这种麻木，其实也就是有些人所谓的成熟。那么，怎样做选择才能把这种痛苦感减轻到最低呢？如果你仔细想想，会发现一切宗教、哲学，都在试图回答这个问题。其实信仰的本质，就是告诉你该如何面对选择与舍弃。佛教讲四大皆空、讲放下"我执"，其实就是告诉你无论哪一种人生可能都不值得过分看重，割舍起来不要过分心疼。

基督教讲拣选与预定，讲"一切都是上帝的安排"，其实是把这种选择与舍弃的痛苦托付给了神，让神替代人挑起了这副抉择与舍弃的重担。而儒家思想倒是强调这副担子要你自己来担，可是从孔子的"心安则为之"，到孟子的"舍生取义"，再到宋明理学的"存天理、灭人欲"，它给出的答案其实并不是统一的。

## 第二章 当你站在选择的十字路口

"吾十有五而志于学,三十而立,四十而不惑,五十而知天命,六十而耳顺,七十而从心所欲,不逾矩。"这三种或者更多关于选择的回答中,你更服膺哪种呢?至少我自己还没有遇到一种能完全说服我的宗教或者哲学,所以也可以说我的这颗心灵比当年成熟了一点,但还没有"熟透"。每一次舍弃与选择之后,我仍能感到那丝丝疼痛。记得我小时候曾看过一篇采访报道,说1998年的时候发大水,有一户农民遭了灾,母亲和妻子都被洪水卷跑了,而在危难时刻,这个农夫紧紧拉住了自己的妻子,只能看着母亲被洪水吞噬。后来有采访者问他:你为什么救了妻子而没救母亲呢?

那可怜的农夫无奈地回答:我当时没有想,只是看到老婆离我更近,我就一把把她拉住了。很多年过去了,我一直记得这个故事,我觉得这可能是最能让人减少痛苦的选择方式吧:如果选择过于两难,选的时候反而不要多想,听从你的内心,一旦选了就不要再后悔。这样的解答,已经很接近阳明心学和受其影响深厚的日本哲学。它可能非常适用于我们这些平素总在面对无数可能性诱惑的现代人吧,它比较简便。这也可能就是起源于日本的"断舍离"文化这几年这么时兴的原因。

## 我无比感谢这场提前到来的"危机"

### 一

某天,我想明白了一件事情:从我辞职那一刻起,我的身份已经发生了转变。

过去的我在上班时是那种按部就班、循规蹈矩的"单位人",而下了班之后是个读读书、写写文章、谈古论今、粪土万户侯的书生。

但从辞职那一刻起,我的身份已经变了,我不再是一半的单位人、一半的书生,我的工作和生活被连为了一个整体,我成了创业者——一个苦乐自承、风险自担、24小时都在工作中的创业者。

我告别了单位人的束缚，但也要告别书生的任性和锋锐。与过去那个安稳的自己彻底告别，才能够生存，这才是这场改变的实质。

那么，这场改变的来临，对我的人生来说是好的吗？我相信是好的。

但丁在《神曲》中的第一段诗句是："当人生之旅行至中途，我发现自己步入一片幽暗的森林，正确的道路早已晦涩难明……"

辞职以后，我也越发感到自己进入了一片"幽暗森林"，需要停下脚步好好想想。

这份迷茫不仅仅是工作变动给我的，也是年龄给我的。

但丁在《神曲》中给自己设定的年龄是三十五岁，我再过三四年就这个岁数了。而我最近重读才发现，他在书中说的有些话，你必须接近这个岁数才能读懂。

比如，我们年少的时候都会被教育要"立志"，但真正长大一些就会发现，年少时的那些志向，要么压根不能作数，要么只能管你的前半生。

人的前半生是靠激情、梦想活着的，我们会基于梦想而不是现实来勾画自己的未来。这个梦可以是与心仪的爱人终成眷属，可以是从事一份什么样的职业，也可以是要赚多少多少钱。

随你怎么想，毕竟年轻，没人会嘲笑你。

有个新闻说，当代中国有超六成的应届大学毕业生自信自己可以在毕业十年内实现年薪百万。

很多人嘲笑，但我觉得倒也没啥，毕竟在青年时代，梦想本就不是应该用理性来衡量的。

可是，一旦到了但丁定义的这个"人生中途"、三十来岁的年纪，你就不可避免地会进入"梦醒时分"。

当梦想与激情随着荷尔蒙一起退潮，更多的理性来了，世界的真相开始在你面前显现。

你发现年少时做的那些梦，有些已经达成或者腻烦，有些则也许永远无法再达成。

这意味着你的人生必须面临一次重新规划与变轨。

其实广义上的"中年危机"自古就很常见，李白被赐金放还，苏轼遭遇乌台诗案，贾谊被贬长沙，甚至王勃路过滕王阁、填词作赋，都可以算作这种"转折时刻"。你看他们表达出来的也都是一副在"幽暗森林"里迷路时的样子：关山难越，谁悲失路之人；萍水相逢，尽是他乡之客。

是啊，青春的梦想在现实的钢板面前撞得头破血流，人生的上半场在你与现实对阵的落败中结束。于是在幻灭中，中年危机来了。人生不如意，十有八九，所以或早或晚，它都要来。

## 二

怎样应对这种"中年危机"？如果我们还是那些在操场上喊"拼搏一百天，考上清北"的高考学生，那么答案是现成的。人要在这场危机中重新立志，再度校正自己的人生航向，开始人生的下半场。

孔子说"三十而立"，我总疑心他也说了这层意思——到了这个年纪，人要自己站立起来，是时候勇敢地与现实世界好好谈谈了。

但这一次"重新站立"，远没有少年立志那么简单，大多数人都是做不来的。

因为环境对人会有极强的驯化能力。三十来岁，如果你碰不上什么大变故，生活已经产生了强大的惯性，便会推着你照着原轨道继续，而你的锐志已经被现实磨平了。

所以，一番内心戏之后的结果很可能是，你说服了自己："算了，也就这么混呗。反正过得虽然不太开心，但也没太不开心。"

当你放弃了按照想的方式去活，你就会慢慢按照你活的方式去想。或是"把希望寄托在下一代"上，成天以"鸡娃①"为乐，或是给自己找一些很零散的爱好，填充生活。

于是就有了"中年油腻"问题。在"中年危机"这个中场休息中，你没给你的生活这支球队安排任何战术布置。人生下半场的开场哨一吹响，整支球队就进入了不求有功但求无过的梦游状态。下半场的表现，当然宛如中国男足。

---

① 鸡娃：网络流行词，指的是父母给孩子"打鸡血"，为了孩子能读好书、考出好成绩，不断给孩子安排学习和活动，不停让孩子去拼搏的行为。

## 三

所以，其实只有很少的人能真的从中年危机中突围，在人生的下半场抓紧时间，活成那个自己想要的样子。

真正走出来的人，也许是真的英雄，他们毅力惊人，自觉到"再也不能这样活"，痛下决心与过去断舍离。

而另一些人则要感谢造化，一场突来的变故将他们放逐出旧有的生活。

而但丁其实属于后一种。

但丁童年时代的志向是继承家业，成为一个在故乡佛罗伦萨崭露头角的政治家，在三十五岁以前，他已经部分完成了这个梦想，当上了佛罗伦萨的执政官。

但就在三十五岁那一年，他遭遇了一场突变，政敌以强加的罪名将他赶出故乡佛罗伦萨，宣判了他政治上的死刑。

被逐出熟悉环境的但丁不得不告别过去的自我，开始新的人生，他如《神曲》中神游三界一般流亡各地，见证了人生百态，他为了给自己寻找新的事业，不得不拿起笔，写出了《神曲》与

《论世界帝国》。

当你以这种眼光再去读《神曲》时，就会发现它的特别之处。是的，这本书在很多构思上很像现如今的"龙傲天爽文"，作者有着犹如青年般同样炽热的梦想。

但区别在于，但丁的梦想是在遭遇"现实的毒打"后，重新燃起的。在青春梦想的灰烬当中，理想之火居然重新燃起，而这一次，它更加理性，更加坚定，也更加执着，到生命止熄那一刻，它也不熄灭。

世界上只有一种真正的英雄主义，那就是看清生活的真相之后，依然热爱它。

这个"中年大叔"的立志故事，实在太激励人心了。

所以，是那场新的变化刺激了这位伟大学者，促使他走出自己的书斋，进行一次"中年立志"与新的奔跑，让他最终从自己的"中年危机"中突围而出。

请设想一下，如果不是在"人生行至中途"时，突然遭遇那片"幽暗森林"，但丁会怎样呢？他可能会成为佛罗伦萨当地的大政治家，但充其量名噪一时而已。除了研究专门史的人会知道他，七百年之后，恐怕谁也不会再记住他，更不会有那些流传后世的千古绝响。

所以，在人生行至中途时，突然遭遇一场波折，也许未必是一件坏事。

如果你对旧有的生活已经厌倦，如果你不想让人生的下半场沦为"上班保温杯泡茶、回家刷抖音带娃"的油腻模式，请把这次变化看作一次但丁式放逐，也许，上天真的安排了一部《神曲》等待你去成就。

## 别惹小人，这算不算一种胆怯

唐朝的时候，戡平安史之乱的郭子仪晚年时卧病在家。

有一天，门卫通报，说有个叫卢杞的官员前来探望。郭子仪大惊失色，连忙吩咐家中的女眷们都赶紧回避，只留下自己独自接待卢杞。

等到他客客气气地送走了卢杞之后，妻妾们就很奇怪，问：老爷，平素有那么多官员前来拜望，您从来不让我们回避，怎么偏偏这个姓卢的来了，您就反应这么强烈呢？

郭子仪长叹一声说：你们有所不知啊，这个卢杞不仅长得丑，内心还极为狭隘阴险，我怕你们看到他的相貌，忍不住失声发笑，他若记恨在心，等到他日当了宰相，但凡寻个不是，发落了我，咱们家也会受牵连。

## 第二章 当你站在选择的十字路口

后来的事实证明,郭子仪这个嘴就跟开过光一样,卢杞这人后来真当了宰相,他把之前得罪过他的人统统罗织罪名、陷害杀掉了,唯独郭子仪一家得以幸免。

读历史这个事儿,看来真的是要有点人生积淀的。我二十岁的时候第一次读这个故事,对郭子仪的选择很是鄙夷,觉得这不就是"宁惹君子,不惹小人"的犬儒哲学吗?但到了三十岁,我重读这事儿,有了一点心得感触。

郭子仪胆怯吗?其实并不,作为复兴大唐,在疆场上一刀一枪拼出来的沙场老将,他并不害怕死亡。但他一定很害怕自己死得不值——我郭子仪是什么人,你卢杞算什么东西啊,我要是因为一次讥笑被你给记恨上了,最终遭陷害而死,那岂不是太不值当?

所以,郭子仪不得不"让"了卢杞一把,就像我们穿着一身干净整洁的衣服出门时,也不得不远远地"让"着粪车、垃圾箱,免得被它们泼了一身脏污。

郭子仪的不惹小人,不是怕对方,而是一种对卢杞这种丑陋小人人生价值最大的鄙夷。

065

当然，在这鄙夷当中，可能还有郭子仪的一点小小的无奈。郭子仪知道卢杞是小人，甚至满朝堂应该都知道这家伙是个王八蛋，但郭子仪却又预感到这小子日后一定会飞黄腾达，并会肆无忌惮地挟私报复。

这是咋回事儿呢？

因为郭子仪把时局看得很透。

安史之乱之后的唐朝中后期，是一个皇权受到了极大打击的时代，这个时候皇权的第一优先事务，已经不再是怎么恢复战后经济，而是怎样收拢手中的权力，威慑百官。在这样的时代里，皇上所要优先选用的人才，就不会是有操守的正人君子，因为正人君子做事有底线，处事讲原则，无法起到震慑百官的作用。

可是，小人不一样，他们无底线，不讲原则，可以无所顾忌地罗织、撕咬。把这么一个人放到高位上，自然就会让百官、百姓战战兢兢。所以，任何皇帝在这种时候都会优先任用小人。

久经历练的郭子仪明显看出来了，那时就是一个君子道消、小人道长的时代。你郭子仪就算头铁，想要独力对抗这种大势也没有用。甚至即便你凭一腔血勇，趁着卢杞这厮未成气候，抄起长刀，一刀把他给结果了，也没什么用。即便杀了一个卢杞，还会冒出"张杞""王杞""李杞"，因为这种人的起势是环境使然。

郭子仪的产生是偶然的，所以也是宝贵的。

但卢杞的产生却是必然的。

就像粪坑里总会生蛆，垃圾堆总会招苍蝇一样。你怀着一腔义愤扔个炮仗把厕所炸掉，粪坑依然是那个粪坑，只是你白沾了自己一身粪土。

所以，还是少做一点炸粪坑的举动吧，离这种人远点。这不是胆怯，这只是鄙夷，这只是无奈。

但退让等于让小人得逞吗？不是。

中国古人说"常以冷眼观螃蟹，看尔横行得几时"，西方人说"宙斯想让谁灭亡，必先使其疯狂"。当无底线的小人越聚越多，调门越喊越高，身上的病菌互相传染，他们最后一定会迎来一个节点，彼此内卷，互咬互撕，最后一起灭亡。

何况如前所说，任何小人的得志，也不过就是顺应了时代的一时之用，夏日的蚊蝇可以在一潭死水里做出一个道场，可是当寒冬重来，灭亡就是它们迟早的下场。

你看，卢杞这个家伙最后下场就很惨，也很有戏剧性。

唐建中二年（781年）的时候，卢杞通过苦心投机钻营终于拜了相，但仅两年的时间，这小子就把朝野搞得天怒人怨。两年后他就被贬出京，连降数级去远恶小州做长史。

卢杞走的时候还不死心，说了一句特别灰太狼的台词："他日必蒙复召为相"——我还会回来的！

过了些年，唐德宗确实有重新重用他的意思，想先下诏把他调个饶州刺史当当。但因为卢杞名声实在太臭，他不敢在白天写诏书，只敢在晚上趁着群臣不上班，偷偷让给事中草诏。

可值夜班的给事中当时就不干了，紧急摇来了众大臣，一起觐见德宗，恳请他收回成命。

看见群臣的这个阵势，德宗还想给卢杞说说好话，说：哎呀，你们看小卢这几年改造得也知错了，就给他个小州刺史干干，难道不可以吗？

宰相不咸不淡地来了一句：陛下口含天宪，就算给他大州刺史当又有何难呢？只不过这样任用奸佞，要是激起天下人的不满，皇上您只怕也难办啊……

其实，本来皇上对卢杞这种人也没什么真感情，就是想用他干干脏活，一看这阵仗，知道这小子的利用价值已经没了，该扔了。于是，他立刻做出一副被奸佞所误的痛悔状：哎呀，不是爱卿们提醒，朕几不能识其奸啊。既然他如此王八蛋，那就再贬一贬，平个民愤吧，让他去澧州做个别驾！

卢杞得诏后也很干脆，干脆得死在了澧州，死得像条狗一样卑微。

"看尔横行得几时"，古人诚不欺我。

在风云诡谲的中国帝制时代，郭子仪的人生是个特例，后来曾国藩对郭子仪有个评价，说"古今立不世之功而终保令名者，唯郭汾阳一人耳"。

是的，如果说郭子仪的人生目标是"立不世之功而保令名"，那他当然不愿与卢杞这样的小人过多纠缠，那不过是一只苍蝇，时候一到，会自取灭亡，打他还害怕脏了自己的手呢。

所以，在生活中，若你碰到同样难缠、狭隘的小人，不妨也照此办理——我们不与他们纠缠,不是怕了他们,只是他们甚至不配我们投去鄙夷的一瞥。

让我们把眼光瞄向正事,瞄向真正值得的功业。

少去炸厕所,他们不配,你不值当。

## 第三章

# 让坚毅成为你的人生底色

## 我只担心对不起付出的辛劳

人如果有能力，还是应该趁早做一些自己想做的、觉得无愧此生的事情，尽量不要为了一口饭食，在一件违心的工作上耗费一生，这不值得。《钢铁是怎样炼成的》里说的也许就是这个意思吧——人，应该赶快生活。

不由得想起了另一位俄罗斯大作家陀思妥耶夫斯基，在我心目中，陀翁与托翁（列夫·托尔斯泰）是俄罗斯文学史上双峰并峙的人物。两个人的作品都极具宗教意味，如果说托翁描写的是，当上帝在场时，人应该如何"复活"，如何寻回良知；那么陀翁所描绘的就是，当上帝不在场时，人会遭遇什么样的"罪与罚"，会怎样被侮辱与被损害。

所以，托翁与陀翁共同构成了俄罗斯文学的"神曲"，一个带你游离良知的天堂，一个领你亲见人性的地狱。

而陀思妥耶夫斯基之所以能把人性写得如此通透而深刻，源于他遭遇了远比"欧皇"托尔斯泰要苦难得多的生活。他出身于没落的小贵族家庭，必须靠奋斗谋生，但他是有才华的，二十五岁时就因为发表名为《穷人》的小说而在俄罗斯文坛一炮走红。可是，厄运随后就找上了他，他因为被指控反对沙皇而被逮捕，一度甚至被判处了死刑，他被流放到西伯利亚待了整整十年，受尽了流放地的各种困苦与癫痫病的折磨，蹉跎了人生中最宝贵的时光。

可等到回来时，已经年近四十的陀思妥耶夫斯基并没有自怨自艾，他只是说："我只担心一件事——怕自己对不起曾受的那些苦难。"

于是，他夜以继日地疯狂写作，比年少时更为深刻地用自己的笔写出那些发人深省的文字。

《被侮辱与被损害的》《白痴》《群魔》《卡拉马佐夫兄弟》……

从流放地回来，命运又给了陀思妥耶夫斯基二十年的时光，他一刻也没有耽搁，抓住岁月的余晖，写作了这些名篇。

是的，对于一个人、一个民族来说，最大的悲剧，并不是遭遇苦难，而是遭遇了苦难之后却毫无反思。这样的生活，是麻木、可耻而了无希望的。

而俄罗斯，因为有了陀思妥耶夫斯基，逃脱了这种可耻，在苦难的冬夜里，点起了一盏希望的微光。

因为这些文字，陀思妥耶夫斯基让自己对得起他所遭遇的苦难，也让俄罗斯民族对得起它所遭遇的苦难。

人，应该赶快生活。

日本历史上的上杉谦信这个人，虽生于当时的尊贵之家，但人生的前半段是非常痛苦的。他自幼不被家族重视，四岁失母，少年丧父，后来又被嫉妒他的兄长敌视、排挤甚至迫害。少年时代他就备受颠沛流离之苦。

可是，上杉最终从这苦难中挣扎了出来，他多次击退敌对势力的来犯，将国内豪族收伏于帐下。他又在后续战争中屡见神勇，最终在镰仓八幡宫就任关东管领，威震天下。

更为难得的是，这个人虽然亲历了人世间的苦难，却依然保有对"义"的向往。他与武田信玄对阵川中岛，武田被仇家断盐难以支撑，上杉居然送盐给对方，因为他宁可在战场上堂堂正正地战胜对手,也不用断绝米、盐等资源的卑鄙手段将对手逼到绝境。

很多人把上杉的这种行为比作宋襄公"蠢猪式的仁义道德"。但《天与地》当中的解读是不同的——在影片中,上杉这个人,一辈子所追求的就是华丽的战斗,无论输赢,都应该漂亮,如此方能不负此生。

这似乎又是一个为了不负此生而赶快生活的故事。

让我们用一首他所作的汉诗作为本文的结尾吧:

> 霜满军营秋气清,
> 数行雁过月三更。
> 越山并得能州景,
> 遮莫家乡忆远征。

受中国文化的影响,很多古代日本人也非常爱写汉诗。但实话实说,真正有灵性的名作其实不多。而我觉得上杉这一首真的非常难得,我们细品一下这首诗到底说了什么:

秋天来了,天气渐冷,但在深夜里,你为什么能看到那南飞的大雁呢?

因为月光的照耀。大雁在月下留下迅疾的影子，宛如白驹过隙的人生。

翻过越山，征讨能登，远征在外的将士原本应该怀念故乡才对。这也是一般的汉诗最终会落脚的地方——思乡之情嘛，人皆有之。

可是这样写就落入俗套了。所以，聪明的上杉收笔不凡，非要写"遮莫家乡忆远征"。

仿佛把时光放到了多年之后，当岁月流逝，能留在你记忆中的是什么呢？不是我在家乡度过的那些悠悠岁月，而是这在外征战的时刻。

这里面的意境，很像《巴顿将军》里的那个演讲⋯⋯

是的，雁过留影，人过留名，人生在世，总该给后世留下点什么。而我们唯一要担心的，不是正在经历的辛苦与顿挫，而是那些我们最终留下的东西，是否对得起今日操劳的生活。

虽然辛苦而焦虑，虽然"霜满军营秋气清"，我依然要努力地活，尽力地写，不为别的，只为了对得起自己曾付出的这些辛劳。

## 在所有人的批判中，他演奏着

现在的人常说，人生主要是拼爹，家里有矿就不用奋斗了。但这话也不全对。比如柴可夫斯基，作为一个"真的家里有矿"的人，他的童年过得其实就不咋幸福。

彼得·伊里奇·柴可夫斯基，1840年出生在俄罗斯一个中产阶级家庭里，他爹在他出生时还是一个勘矿工程师，等到小柴九岁的时候，柴爹的事业越来越红火，当上了冶金工厂的老板。于是，小柴成了正儿八经的工场主少爷。

表面上看，这个故事很美好，不是吗？但你要看小柴出生在一个什么国家，又赶上了什么时代。

在19世纪中叶的俄罗斯，像柴爹这种"中产阶级"，绝对是大熊猫一样的存在。19世纪的俄罗斯是一个典型的图钉型社会，由一大群在温饱线上苦苦挣扎的被奴役的农奴和极少部分拿走了社会绝大多数资源的大贵族所组成。在经历了彼得大帝和叶卡捷琳娜大帝的改革后,中产阶级好不容易在这片冰天雪地中长出来了那么一点,但依然生存艰难。因为两位大帝改革的初衷,就是为了"富国强兵"。想跟同时代的英法一样,制定一套完善的制度,保障这些中产者的权利,那是绝对不可能的。说白了,当时的俄罗斯的中产阶级是啥?无非是等着沙皇陛下收割的高级韭菜而已。所以,从严格意义上说,像柴爹这种人,不过是靠贵族们享用宴席之后的一点残羹剩饭过活。所以,他虽然名义上是个工场主,但活得其实也很辛苦、很焦虑。

一句话总结就是,当时的俄罗斯中产阶层本就薄得像一层纸,而他们的人生则更是比纸薄。

可能正是因为有了这种人生经历,柴可夫斯基的爹对一个问题想得很通透:既然横竖是给贵族老爷舔盘子,那为什么不舔个铁饭碗呢?于是他给柴可夫斯基规划的"光明前途"是这样的:好好学习,读法律,毕业后考公务员,去圣彼得堡从十四等文官干起,一辈子慢慢在体制内混……这样的人生规划,在同时代西方中产者那里肯定是不屑于想的,可是在当时的俄罗斯,与柴可夫斯基的爹有同一想法的父母肯定不少。比如,我曾经讲过的大文豪果戈里，他家是乌克兰地主出身，可他父母为他规划的人生道路居然与远在乌拉尔的柴爹规划的高度类似。因为在当时的俄罗斯，其实只有这条路算中产阶级升迁的正道。你看，这不内卷了吗？只能说在一个乏味而焦虑的年代里，"靠谱"的人生也是同样乏味、焦虑而雷同的。

可是，既然大家都这样想，千军万马要抢过独木桥，那么，一个熟悉的剧目就要上演了——"鸡娃"。

柴可夫斯基的童年，过得应该是非常不幸福的。从小父母就要求他必须学习好，以便能被法学院录取，此外还要培养他各种特长。他四岁就开始练钢琴，因为当时的俄罗斯大贵族们都附庸风雅，想要巴结领导，想要每场舞会都能接到邀请函，你一个小文官凭啥出头啊，能弹好钢琴肯定是个不错的选择。只不过柴可夫斯基的爹没想到的是，本来只是想在柴可夫斯基人生道路上打打辅助的钢琴学习，却意外地帮柴可夫斯基发现了他满身的艺术细胞。

相比于枯燥无聊的法律和更加枯燥无聊的小公务员日常，柴可夫斯基发现艺术世界是那样瑰丽美好，能够让他那颗脆弱敏感的心灵得到彻底的释放与飞翔。于是，到了二十二岁那年，柴可夫斯基主动跟家里提出：公务员的活我不干了，我要离开体制，为艺术献身！

你可以想象，柴可夫斯基的爹听到儿子这么说的时候是什么样的心情：我一辈子在这个世道摸爬滚打，好不容易总结经验教训，给你小子指了一条安稳的明路，你倒好，为个"追梦"就把铁饭碗给砸了？这梦你在当时的俄罗斯追得起吗？

于是，父子俩大吵一架，父亲给小柴下了最后通牒：你要想追梦，那以后就别想再拿家里一分钱资助了。于是，柴可夫斯基遭遇了他人生中的第一场批判，来自他父亲。但面对这场批判，柴可夫斯基毅然决然地选择了"走自己的路，让老爹说去吧"。他爹估计当时也很吃惊，从小当乖宝宝的柴可夫斯基，出走得居然这么坚决。

这里我们就要聊到柴可夫斯基这个人的性格了，他的性格非常有代表性，尤其对成长于"鸡娃"环境的人们来说。曾经有一位母亲焦虑地问我：一个孩子，如果在"鸡娃"环境下长大，会是怎样一种性格？我给她的回答是：您去听听柴可夫斯基的音乐就知道了。我曾看过某位俄罗斯心理学家分析柴可夫斯基精神现象的文章，文章说这个人属于典型的精神衰弱型性格，或称为焦虑怀疑型性格。他一生的成就与不幸，就是由这个性格所决定的。

由于儿童时代成长在一个时刻由焦虑、否定和刺激构成的环境中，这类人的显著特点是，他们会经常性地反省和自责。他们总是将自己的行为放到负面的环境中去分析，倾向于夸大自己的不足，并进行自我否定。去看柴可夫斯基留存的那些为数众多的书信，你会发现一个很有意思的现象：这些信中，几乎每一页上都会有诸如"这是我的罪过""我有缺陷的天性""我是那样的令人讨厌""我是丑陋的"这样的字句。

这种经常性的自虐式自我否定，绝对不是柴可夫斯基感情用事或心血来潮，而是一种心理学上的病理现象，是经常被督促、被否定、被焦虑刺激的童年经历让柴可夫斯基有了这块心病。事实上，如果你观察俄罗斯同时期中产阶级出身的文学家们，会发现他们的作品中有着同样的"精神自虐"。对于这个"心比天高，命比纸薄"的知识分子群体来说，这种心理，实在不是个体现象，而是一种症候群。

而柴可夫斯基的这种精神衰弱型性格，也反映在了他的音乐中。对比同时代德奥英法等国的古典音乐大师，你会发现柴可夫斯基很特别，他绝对不是写不出那些优美动听或激昂壮阔的旋律。如果他愿意，在旋律的动听性上，他本可以成为整个古典音乐时代的翘楚。但很奇怪，在柴可夫斯基的音乐中，体现正面情绪的旋律总是不那么稳定，往往听着听着，就会感到旋律在一些出其不意的地方拐了弯，突然转向疑问、沉寂、阴郁或者焦虑。当然，高情商的说法是，情绪的多变与鲜明的对比，这正是柴可夫斯基的音乐的迷人之处，火一样的热情，水一样的沉沁，土一样的质朴，雾一样的神秘。除去柴可夫斯基，你很难再找到一个音乐家能将如此多情绪杂糅得这么完美。

可是，在情绪的复杂多变之外，你又能感觉到柴可夫斯基的音乐有一种难以言说的坚持，以及万变不离其宗的主基调。这种倔强，应该与他童年的经历有关——"鸡娃"们在不断被否定和被督促的同时，一定会被设立一个目标，并被要求一定要达到。这导致了他们的人生始终是有一种指向性的。长大后，当他们否定了父母的那个指向之后，除了报复性地"躺平"，另一种可能性，就是自己给自己设定一个必须达到的人生目标，并为之不惜耗尽一生。柴可夫斯基显然属于后一种。他是那样犹疑而又执拗地走上了音乐家之路。在从体制与父亲为他规划的人生中出走之后，他在艺术道路上走得非常决绝而又勤奋。

能不能站着把钱挣了？后世的乐评家们在评价柴可夫斯基时，似乎很少提及他其实是个很高产的作曲家。

从表面上看，柴可夫斯基一生大约有169部作品传世，这个数量说多不多，说少也不少。可是你要知道，柴可夫斯基这辈子只活了五十三岁，而且跟莫扎特、门德尔松那种从小就被当作音乐家来培养的天才不同，柴可夫斯基少年时代的音乐都是背着他爹偷偷创作的，而且很多都是交响曲、歌剧、芭蕾舞等大规模音乐。如此说来，这个数量就很惊人了。

比照一下时间表，你会发现，从1854年到1878年，柴可夫斯基每年最少会出一部作品，而最多的一年居然创作了25部作品。

柴可夫斯基不是在赶稿，就是在赶稿的路上，几乎不眠不休地创作这么多作品，这一方面是柴可夫斯基执拗的创作理想使然，另一方面则是他想要通过"努力搬砖"多挣钱，来证明自己的人生选择。

在柴可夫斯基与朋友的往来书信当中，他无数次地提到过这件事。焦虑怀疑型性格的人，是需要他人和外物给予的肯定才能维持住自己心目中对自我的定位的。所以，柴可夫斯基就疯狂地创作，以便用获得的掌声与金钱来作为自己前进的动力。所以，柴可夫斯基是复杂的。我曾在一篇文章中讲过同样试图靠卖曲为生的斯蒂芬·福斯特是怎么穷死的。应当说，相比于福斯特，柴可夫斯基显然是幸运的。当时的美国和俄罗斯，虽然同样被欧洲国家嘲笑老土，但土的方式不一样，美国人"土"得平均而自由，艺术在那里是真没有市场。而俄罗斯确实是一个农奴啼饥号寒、上层贵族却酷爱附庸风雅的社会，所以艺术家在这种社会里，其实还是有的赚的。

大洋彼岸一辈子吃土的福斯特投来了羡慕嫉妒恨的眼光。比如，柴可夫斯基应莫斯科大剧院院长之邀创作的不朽芭蕾舞剧《天鹅湖》，一下子就为他赚到了八百卢布。"爆款"芭蕾舞剧《天鹅湖》，暴躁沙皇，含泪点赞。

所以，柴可夫斯基的收入水平，是远超俄罗斯当时底层人民的温饱平均线的。但还是刚才说的那个问题，俄罗斯这个国家，贫富差距实在太大。同时代另一位"文青"，大文豪列夫·托尔斯泰，他家是世袭伯爵，年收入都是一两万卢布，柴可夫斯基的那点收入跟他一比又显得微不足道了。所以，我们经常能看到一种奇怪的描述，说身为莫斯科音乐学院教授的柴可夫斯基生活贫困，需要资助人梅克夫人的接济才能度日，梅克夫人给他断供之后，柴可夫斯基很快就忧贫而死了。

这种描述也对也不对，只能说，柴可夫斯基奋斗了一辈子，最后还是和他那个中产阶级爸爸同样的宿命——奋斗了半天，到头来，却依然是"主上所戏弄，倡优所畜，流俗之所轻也"，要仰人鼻息，要靠贵族老爷们丢下来的残羹剩饭填饱肚子。

这是那个时代那个阶层的宿命。按《让子弹飞》里的名梗，柴可夫斯基一辈子都在追寻的一个问题的答案——"这个（才华）加这个（勤奋），能不能站着把钱挣了。"

而柴可夫斯基追寻了半天，得到的答案是：真不行。至少在那时那地的俄罗斯，是真不行。

但我想，最让柴可夫斯基痛苦的，恐怕还不是他经济上的仰人鼻息和不独立，而是他的音乐即便在同文化水平、同阶层的知识分子中，也缺乏知音。我们今天工作学习之余，放一段柴可夫斯基的交响曲，你一听往往会觉得：哇，旋律与思想俱佳，情怀与哲思齐飞。乐评家们写柴可夫斯基，谁都不敢说半个不字，全都是溢美之词。但放到柴可夫斯基还活着的那个年代，却完全不是这样的，他总是被抨击。在当时，柴可夫斯基的音乐是不被任何一个知识分子群体完全肯定的。

古典乐派认为他的曲子旋律优美却缺乏深度；浪漫派则认为

他的曲子拘泥保守、缺乏创新；民粹派认为他的曲子有太多的西化元素，简直是投降主义，是巴结西方；而西方派却觉得，他写《1812年序曲》这种作品，分明是在给俄罗斯腐朽的旧制度张目……总之就是哪边都讨不到好。据说有一次，柴可夫斯基兴冲冲地将自己写好的一份钢琴协奏曲手稿拿给对他有知遇之恩的尼古拉·鲁宾斯坦看，结果鲁宾斯坦给回了一句："已阅，没有任何价值。"

前面说过，柴可夫斯基是个敏感而多疑的人，这样的众议汹汹，对他来说是灾难性的，让他一点都感觉不到他其实是那个时代俄罗斯最伟大的音乐家。这些批判让敏感的他心力交瘁，几度濒临绝望。

为什么会这样呢？如果我们拉开历史视角，宏观地去看，柴可夫斯基的困境，与那个时代俄罗斯的历史大势有关，他的困境，也是那一代俄罗斯知识分子的困局。1853年，克里米亚战争爆发，俄罗斯在这场战争中被英法联军揍得满地找牙，把沙皇尼古拉一世都给急死了。

同样是跟英法干仗，同样是被打得怀疑人生，克里米亚战争就是俄罗斯版的"鸦片战争"。这场战争的大败亏输，也造成了俄罗斯民族的信心崩塌与思想大混乱——从彼得大帝开始，经历了百余年"维新"，怎么我们国家还是这个熊样呢？于是各派都开始想辙：西方派觉得，还是应该拾起十二月党人的旗帜，推动俄罗斯实现更加彻底的西方化；民粹派则认为，这是洋奴思维，俄罗斯真正力量的源泉在于斯拉夫传统；保皇派则说，你们这都是瞎嚷嚷，都别添乱，我们还是要跟着沙皇陛下……

在这种各派主张都在大混战的背景下，柴可夫斯基的任何音乐作品，都会被拿出来当靶子说事儿，大家都倾向于用批评他来表达自己的主张。于是，他就不幸掉到了坑里。

《1812年序曲》是柴可夫斯基当时最被政治化的一部作品。此外，柴可夫斯基那拧巴的出身和性格，也为他寻觅知音平添了很多壁垒。比如说，作为同一时代音乐界与文学界的并峙双峰，柴可夫斯基和托尔斯泰有过交往，按说这两个伟大的灵魂应该有很多相通之处，可是两人的聊天却总是话不投机。柴可夫斯基极为欣赏与自己出身相似的贝多芬，托尔斯泰却觉得莫扎特和海顿才是音乐家们该效仿的榜样。三聊两聊之后，双方都认定对方水平有限，再后来就断了联系。

柴可夫斯基在后来给梅克夫人的信中说："我确信，托尔斯泰是一位有点反常的人，同时又直率、善良。尽管如此，除了负担和痛苦，与他结识没有给我带来任何东西，就像和所有人的结识一样。"

其实仔细分析一下，柴与托的话不投机不难理解，前文说了，人家托尔斯泰是年收入一两万卢布的大贵族，而柴可夫斯基却是一个要依靠创作证明自己并维持体面生活的"音乐码农"，两个人的生活层次本就不同，当然对话也就成了一种奢望。

是的，撕裂的共识、差距过大的阶层，让当时的俄罗斯知识分子呈现出越来越原子化的趋势，所有人都被分割在不同的精神世界里，这是俄罗斯艺术和文学莫大的幸运，却也是这个民族莫大的不幸。而本就敏感而不善交际的柴可夫斯基则是其中最为痛苦的一个，因为他找不到知音。他一生的道路，都是缺少同伴与知音的，哪怕是在生活上。三十七岁的时候，柴可夫斯基曾经尝试过结婚，对方是他在音乐学院的女学生，对方公开宣称如果不能嫁给偶像柴可夫斯基，她就自杀。

柴可夫斯基答应了婚事，但结婚没多久就反悔了——与不相通的人一起生活实在是太痛苦了。时代与性格，将柴可夫斯基与其他人分割开来，他无法与任何人真正相通。

然而仍有一种东西，给了柴可夫斯基的灵魂最终的归宿，那就是他所献身的音乐。

晚年的柴可夫斯基想通了，他不再在乎旁人的评价，而是流连于山水之间，每天早起吃过早饭之后，他都会进行一场"柴可夫斯基式"的散步，一出门三四个小时的那种，中午回来吃个午饭，旋即出门再走。也许只有在这些与自然相处的时候，柴可夫斯基那颗敏感而焦虑的心才会是宁静的，他成了一名隐士，归隐于山林，也归隐于音乐，把那些从自然中汲取的灵感记在随身携带的小本子上，然后在傍晚归家时将它写作成乐章。

当他创作《第六交响曲》的时候，他已经不在乎外部的评价了。他这样写道："如果这部作品再次被误解或者被撕成碎片，我也不会感到惊奇，这又不是第一次了。但我能确定的是，这是我最好、最真诚的作品。我喜欢它。"《第六交响曲》，穿越时代的迷雾，人们最终会发现，它确实是一部好作品。

1893年11月，柴可夫斯基因感染霍乱而逝世。

从音乐上看，晚年的柴可夫斯基其实是更加完满的，他依然在真诚而努力地创作，却不再为了获得他人的肯定，只为求得自己对自己的认同。

怎样总结柴可夫斯基的一生呢？也许是时代和阶层的际遇使然，他的一生都在否定、批驳与孤独中度过，来自父亲的、来自同行的、来自社会的，这些批驳与否定曾编成一张网，让他痛苦异常。但凭着才华与努力，柴可夫斯基最终还是破网而出，演奏出了那个时代最难以忘怀的乐章。

终于，他没有辜负音乐，而音乐也没有辜负他。

柴可夫斯基最为壮阔的作品是《第一钢琴协奏曲》。这首曲子曾被托尔斯泰评价为"既不让人的灵魂更加高尚，也不让人的灵魂更加卑微，而只让人更加冲动"。

说白了，托尔斯泰其实是在说："嗯，好听是好听，但我没听懂。"但我想，而今，对柴可夫斯基的人生更能感同身受的我们，也许更能品出这首乐曲的深意吧。

生命，宛如一条奔涌不息的河流，也许会经过困苦的浅滩，也许会流经挫折的河岸，也许时而因焦虑而湍急，也许时而因沮丧而迟缓，但只要热爱依旧、真诚依旧，你终会奔向那让你梦寐以求的大海，你将在那里，得到你的安宁，你的归宿。

# 知识未必改变命运，但命运一定会改变知识

某一天，跟一位老读者聊天，他说："我觉得你最近写的文章观点有所变化啊！"

我想了想，是这样的。

类似的情况我近来时有察觉，因为做知识星球平台的内容，我翻阅了不少之前的旧文章，在修改的时候总能发现，自己的观点与刚写稿时相比，发生了很大变化。

是什么促使我的文章发生了这些变化呢？

写微信公众号以来，我的生活、工作、收入、交友和精神状态都发生了剧变。这些剧变有好有坏，但无不改变着我的思想，我看待事物的角度也不自觉地发生了变化。

知识能否改变命运呢？这未必。在命运的操弄面前，知识的力量有时微不足道。

但命运真的会改变知识。一个人的际遇、眼界、命运不同，他眼中的知识也将完全不同。

所以知识未必改变命运，但命运时刻改变着知识。

这让我想起佛教中的一个说法：其实六道都在此界之中，区别只在于六道众生对同一事物各入其眼之后的观感是不同的——人眼中的湖泊，饿鬼看来却是血池，而天人看来却是琉璃。

曾国藩有副著名的对联"千秋邈矣独留我，百战归来再读书"。

是的，读书，尤其是读史书，最好在世间经历一番"百战"之后，在面对历史的很多真问题时，才会有更独到的见解。

比如说，在当今中国通俗史写作圈里，我最喜欢看的作者是张宏杰老师，他写的书我基本出一本看一本。

您的时间若只够读一本书的话，我觉得可以读这本《中国人的性格历程》，建议尽早读起来。

我觉得他有一种能力，每一本书都能抓住那段历史最关键的"真问题"，并很有逻辑地讲明白其中的关键。他的考据未必十分确凿，文笔未必最为优美，但抓真问题的能力，是很多研究比他更深入、更权威的学者所不及的。

原因何在呢？

我想可能是因为张宏杰老师并非单纯的学者。

我记得他有一段自述：他大学毕业后做过很长一段时间的工作，只是他把同事们用于抽烟喝酒打牌的闲暇时光用在了看书、写文章上，最终成了小有名气的写作者。

当感到再继续写下去的储备不足时，他就重归学校去读书。这时他的学习和研究，是带着问题重新进入的，有着极强的针对性。

简而言之，这是一个经历过生活"百战"的学者，所以他知道应当从历史中读出什么，什么才是对现实有用的。

张宏杰先生的存在，提示我们：

其实，不是好的学者没有成为好的写作者，而是更多好的写作者没有成为好的学者。

知识的普及本来就应该由有过"百战"经验的人来做，但他们的思路在日复一日的产出中日益枯竭，为每日的奔波劳碌放弃了继续学习和读书。

没办法，世俗的诱惑太大，而读书其实是件很苦的事。

最近，我也在重读一些大学时代的旧书，发现当年的观感与今天是如此的不同。就像你多年后碰见一个当年的发小，吃惊地发现当年鼻子前面总有半抹青光的她，如今出落成了美丽动人的姑娘。

于是，我萌生了一个想法，我希望自己也能在不远的将来重回学校读书。

虽然中国的教育有很多需要改进的地方，但你得承认，大学永远是一个知识的宝库，大学图书馆里的藏书量和知网上能查询到的学术论文，不是任何普通的私人藏书者能比拟的，而如果我能有幸跟随一位学识渊博的导师，他的所学更会让我受益匪浅。

将这些知识吸纳、化用，形成新的观点讲述给大家听，我的文章可能会更精彩一点。

这是我目前能想到的能够一直写出有价值的文章的最好的途径。

说实话,我怕自己只想着挣钱、玩话术、卖情绪,而没有深度思考和知识干货作为补充,这样下去,任何好的写作者早晚会遭遇思维的枯竭。

从2012年本科毕业到现在,我已经工作九年了,"小镇做题家"的应试技能我不知还能捡起几分,况且微信公众号我又不想放弃,所以,最后搞成吕秀才那样年年考年年中不了举,也是有可能的。

但是,有句话说得好,梦想是要有的,万一实现了呢。

另外,对于一个已过而立之年的人来说,想再靠读书来改变命运也很难了。

但如前所述,我着眼的是"命运改变知识"——我想看看那些我熟识的知识要是重读,会有什么不同。

而在此,我要感谢一下所有读者,是你们的支持让我命运的轨迹发生了一些变动,而这命运的改变,也将改变我知识的构成。

新的人生路程即将在我的面前展开,我不知等在前路上的是风是雨,是好是坏,但我愿意试一下,因为满怀希望的背影,总是最振奋人心的。

# 人生，是时间河流上的行船

中国人常说"事缓则圆"，尤其是到了年终岁尾这种时候，最喜欢说的话是"有什么事儿，过了年再说"。

这看似是敷衍，但实则蕴含很大的智慧。

这是保守主义的智慧。

你看大洋彼岸的美国人，有的时候就没这个智慧，本来总统特朗普只剩下一周就要下台，民主党控制的国会却非要赶在这之前将其弹劾掉——当然，民主党肯定有他们自己的小算盘，这种冒进是他们理性选择的结果。

但冒进终究是冒进，无论理由为何，这样的做法过于操切了，真办成了，最后也会让美国出更大的乱子。

## 第三章 让坚毅成为你的人生底色

德意志第二帝国的首相俾斯麦曾经有言：国家是时间河流上的行船。这话是他在德国刚刚崛起的时候说的，面对手下一帮人要德国抓住某个机遇该怎样怎样的言论，他这样表态。

作为德国的首相，俾斯麦深切地知道自己国家的实力与潜力，当时德国无论领土、人口还是工业产能，都在欧洲占据优势。只要给德国以时间，这个国家必然能崛起，必然会称霸欧洲。所以，不进行盲目大胆的政治军事冒险，对德国是有利的。而贸然进行军事活动，则会有利于试图狙杀德国崛起的敌人。

于是俾斯麦说：急什么？等等呗。平和一点，沉稳一点，让德意志做一艘时间河流上的行船吧，只要历史的潮流对德国有利，这个国家终究会崛起。

可惜，在他之后掌舵德意志的人，无论皇帝威廉二世，还是希特勒，都没有俾斯麦的智慧，他们仿佛在与谁赛跑一般，急于进行一些风险极大的冒险，最终让德国这艘行船在冒进中起火、爆炸、沉没。

国家如此，个人亦然，临近年末，事务繁多，让我们停下脚步，歇一歇，重温事缓则圆的智慧，不要做一些盲目的冒险，也不要太过急躁。

请坚信，一个有才能如你的人，正如当年的那个德意志，只要假以时日，一定能够崛起。

对于这样的人、这样的社会、这样的国家来说，时间是他们的朋友，而冒险是他们的敌手。

让我们信任朋友，远离敌手。

## 有静气

《三国志》里，曹操这一家子特别有意思，几个儿子为了争储，彼此内卷得不行。最后，曹操思虑再三，还是选了曹丕，派人去宣布曹丕被立为魏王世子。

曹丕知道这事儿以后得意忘形，搂着谋士辛毗的脖子就狂喊："辛先生，你知道我有多高兴吗？！"

辛毗有个女儿叫辛宪英，听说这个事儿以后就感叹，世子这么沉不住气，魏国将来的国运只怕是长不了啊！

后来事情的发展证明，辛宪英说这话时，嘴就跟开了挂一样，从曹丕代汉自立，到魏国被司马家的晋朝取代，这个政权也就撑了四十来年。而魏国的短命跟曹丕那种极度压抑后的爆发，关系是很大的。

曹丕掌权以后的很多做法，都带有鲜明的"解恨"的感觉。他急吼吼地代汉自立，失去了"奉天子以讨不臣"这个大义名分。称帝后又过度地削抑了曹姓诸侯王的权力，让宗族这根支撑王朝的支柱过早坍塌。同时，他又报复性地纵情享乐，年仅四十岁就一命归西了。

可以说，曹魏这个王朝的短命在曹丕这里就已经奠定了，而曹丕那种得势前过度矫情自饰，得势后又过于得意忘形的性格，又与他生长于兄弟之间高度内卷的家庭有关。

孔子讲"中庸"，而曾国藩则说："每临大事须有静气。"但如果你翻阅中国史册，会发现一件非常吊诡的事情——似乎自中古以来，那种中庸的欢愉与庆祝，在我们的民族性格中很匮乏。与平素的节俭、压抑刚好相反，我们遇到喜事或者一夜发迹时，所进行的报复性狂欢往往是非常极端且无节制的。

上至曹丕这样的皇帝，下至中了举的范进，我们的各个阶层其实都喜欢那种类似癫狂的欢庆。典籍中随处可见"春风得意马蹄疾，一日看尽长安花""朝为田舍郎，暮登天子堂"这样的一朝得中就暴富般的心态，甚至这样的心态是朝廷刻意营造出来鼓励士子们寒窗苦读的，而苦读的学子们似乎也乐于接受这样的想象。

"待到秋来九月八，我花开后百花杀。冲天香阵透长安，满城尽带黄金甲。"

2022年高考期间，这首传说是黄巢作的《不第后赋菊》又火了，原因是有媒体将其拿来当成了"高考祝福语"。

很多人问，拿这么一个"人屠"名落孙山以后写的诗来祝福高考考生，是不是有点不合适？

可是我们又必须看到，这首诗当中描绘的那种长期压抑、一朝翻身、报复性狂欢的感觉，真的说中了很多参加高考的考生的群体潜意识。或者更确切一点说，是一种一朝翻身的狂欢。我们的狂欢中，总带着那么一点点让人感觉害怕的恨意。

不信请看高考结束后，网上陆陆续续传出的很多高三考生集体撕书的狂欢场景。

"高考撕书节"，应该是最近十年来才兴起并迅速走红的一个节日。

其实，回想我们当年高考结束以后，虽然也想把那些已经刷吐了的书和卷子都撕掉，但多数人有这个"贼心"，没这个"贼胆"。今昔对比，至少可以说，这一代人比我们当年更有勇气，至少敢于把自己心里有的那股子"气"表达出来。所以，我不太

103

同意有些论者站在"不雅"甚至"环保"的角度反对学生们撕书，书是学生花钱买来的，他们有这个处置权，再说从小学到高中压抑了这么多年，学生好不容易有点自主行动权了，不该粗暴地禁止，也许在这些学生心中，只有这一天是他们最随心所欲的时候。

可是站在学生自身的角度，我又想劝撕书的同学们两句："你们有权这样做，但真的没必要。为个高考，不至于。"

人生的路还很长，而你们将来会遇到的，比高考要残酷，且不公平的竞争要多得多。而在绝大多数时候，这些竞争不会存在一个像"撕书节"这样的发泄渠道供你们恣意宣泄。

遇到压力想要找渠道发泄，这是人的一种本能。但只要有压力，就必须得到发泄，这并不是我们能够生存下去的必要行为。何况你们也找错了发泄对象，你们自己应该清楚，那些书本和卷子上的知识，其实并不是造就你们往日身陷题海无法自拔的原因所在。

考完了，书撕了，但困扰你命运的那个内卷难题，它依然在那里。你与它的博弈，从高考结束这一天起，其实才刚刚开始。

所以，我更欣赏那些能在此时"每临大事有静气"的人，那些此刻面对书本的狂欢与庆祝活动，总让我产生一种莫名的"曹不感"。

当然我也知道,曹丕成为那样一个曹丕,不是曹丕的错,正如今天的高考考生在考前"誓师"和考后"撕书"时,越来越表现出一种这个年龄不该有的"杀气",也不是他们的错。

但正如曹丕的教训一样,一个人青年时代面临过度的压力,对他们的人生常是毁灭性的。年少的压抑和努力可能会过度透支他人生的可能性。今天回头想来,我们这一代人年少时代或多或少都曾遭遇过这种透支,无数人生的可能在我们遇到它们以前,就已经在我们的人生清单中被一笔抹去了。

西方很多孩子在读完高中上大学前,会有一个 gap year(间隔年)的习惯,意思是有大学也先不急着上,而是先四处走走、看看,认识一下这个世界,看看自己究竟喜欢什么职业,又有什么样的生活值得自己为之投入一生。

我觉得这是一个很值得借鉴的习惯。我们的大多数青年,都是在高考结束以后就立刻选学校、选专业,而后被投入另一个校园中的。在走出大学校门之前,很多人依然像高中时那样,被动地接受教育,闭门造车地为自己规划人生。而等到真走向社会,才发现世界原来是这个样子的,自己所学非所爱,所学非所用,到时候想改也晚了。

中国当前的教育结构，不会允许"间隔年"的存在，但我觉得，明智的青年，应该利用高考结束后的这短短十几天，给自己模拟一个"迷你间隔年"。如果允许我重活一遍，当高考的枷锁被卸下，那时的我最需要的不是狂欢，而是疗伤，是抓紧那一点点有限的时间，去看看这个世界，想想自己的十二年内卷，究竟想学什么专业——毕竟再过上十几天，一张志愿填报表就会摆在你面前，那一天，对更多的人来说，才是决定他们人生走向的命运十字路口。

所以，就像我在《学什么，是很重要的事》一文中说的，这十几天，可能对很多人来说是最决定命运的时刻，但大多数人，反而会在忘乎所以的放松中将它轻易度过。

做一个中国高考生的确很难，但做一个中国大学生也未必容易，而做一个中国职场人也许更加压力山大。只不过越到后来，你会发现越没有什么书可供你撕了；越到后来，你越会发现"有静气"的可贵。

所以，你可以享受此刻这"狂暴的欢愉"，但请不要迷恋它，因为未来的路，其实还长着呢。

## 第四章

# 别陷入机械化的人生

## 第四章

眼睛人眼里的卫生

第四章 别陷入机械化的人生

# 家乡与彼岸，究竟哪个才是魔山

在跟很多同龄的朋友交流之后，我发现我们这代漂泊在外的年轻人有一个共性——我们在外和在家时，往往会充当截然不同的两种角色，有时甚至干脆变成另外一个人。

比如说我自己，在工作地我是一个还算勤奋的打工人，每天看书、写作、干活，在单位里也还算业务骨干，回到家也点灯熬油写稿，从来没觉得这有什么问题，我很习惯这种生活。

可是，一回到父母在的家，我就是另一个模样了。我是家中的独子，从小过惯了饭来张口衣来伸手的日子，长大后回家，帮着家里干点活、洗个碗啥的，也基本就是个仪式，搞得跟古代皇帝春耕时下地犁田一样，图的就是个重在参与。

是的，每次回家，我都重新认识到一个事实：我在自己曾经长大的家里已经近乎成了一个外人。家乡于我而言，除了一草一木能勾起我的怀旧之心，已经没了太多生活上的实感。

所以，我一般不会在这段时间为自己做什么特别重大的决定，我也经常劝我的朋友也这样做，因为家乡离我们这些漂泊者的真实生活已经过于遥远。

于是，我们这一代漂泊在外的年轻人，很多人的内心其实是彷徨的，我们到陌生的城市去打拼时，自认为自己并不属于那座城市，而属于我们出发的那个家乡。可是学习、工作日久，偶尔回乡时，却又发现自己也不再属于家乡。反倒是自己平素生活的那个城市，更多了一份亲切感。

这，也许正是我们这一代人中很多人宁愿辛苦"漂"着也不回老家的原因：我们早已不知乡关何处。

而说到底，到底哪里才是一个人真正的故乡呢？这事儿很耐琢磨。

我大学毕业后就没怎么读过纯文学的书，两年前读的最后一本，是德国作家托马斯·曼的《魔山》。这本小说讲了一个颇为魔幻的故事：

## 第四章 别陷入机械化的人生

有一个大学生，名叫汉斯，他有一次去一座高山肺病疗养院探望自己的表兄，不料阴错阳差自己也染上了肺病，于是只好留下来接受治疗。

这座疗养院里的人来自四面八方，性格迥然，思想各异。汉斯本来是一个有自己坚定追求和思想的青年，可是同这些人交往后，思想变得混乱起来。

而恰在此时，他又与一位俄国姑娘相识、相爱，被爱情迷得神魂颠倒。

于是，这座本来只应是他生活中短小插曲的高山疗养院，成了一座"魔山"，让他深陷其中不能自拔。

一转眼，七年过去了，表兄病死，爱人离去，那些曾经交往甚密、一起高谈阔论的朋友也各奔东西。汉斯这才惊觉，一切宛如一场大梦，而他竟在这座"魔山"上昏睡了七年。恰在此时，一战爆发，他毅然决然地踏上了奔赴前线的征途，离开了魔山。

很显然，托马斯·曼在小说中所描写的魔山，是对人生的一个隐喻：我们的人生总是在一些机缘巧合下来到某个地方，然后因为机缘巧合留了下来，就地展开我们的生活，交往那些碰巧认识的人，与他们一起做碰巧合适做的事，最终我们会被自己生活的这种环境所同化，忘记了自己来此的初衷，毫不知情地过一辈子，或者如小说中的汉斯一样，在某个清晨突然觉得一切宛如一场大梦。

《红楼梦》里说"甚荒唐，反认他乡做故乡"，也是这个意思。其实说穿了，也没什么荒唐的，毋宁说人就是这样一种极为容易被自己的近况所同化的动物：你以为你一直在按你想的方式去活，但多数时候，你不过是在按照你活的方式去想。

人生无处不是他乡，"魔山"无处不在。

小说的结尾其实也照应了这一点：汉斯决定去投身的一战，其实也是当时的社会话语为那一代欧洲青年虚构的另一座"魔山"，无数人被其洗脑、同化而投身其中，最终毫无价值地死去，或者在战后惊醒，发现这也宛如南柯一梦。

既然如此，作者为什么又要给小说这样一个结局，让主人公离开此处的魔山，奔向另一处的呢？

我想，作者想体现的，其实是一种人的意志对环境同化的挣扎。

## 第四章 别陷入机械化的人生

诚然，人无论选择何种生活，都难免被生活所同化。但如果你有勇气离开，至少能在出走的那一刻，感受到意志的觉醒——在魔山上，我们确实难免沉睡，但当我们从一座魔山出走，奔赴另一座时，至少在旅途中，我们将是自己掌握自己的意志。

## 制订的计划，就是用来打破的

曾经看过一个故事：有个旅客在某火车站等车，火车左等不来，右等也不来，最后，旅客终于怒了，跑去找站长，指着列车时刻表问他："既然列车总是晚点，那你们制订这张时刻表有什么用呢？"

站长不慌不忙地答道："当然有用，先生，如果没有这张时刻表，您怎么知道火车晚点了呢？"

当然，这是个笑话，但这个笑话里藏着一个可能困扰过我们每个人的疑问：我们给自己订立的计划，到底有什么用呢？

是的，很多人在日常生活中都会给自己订立一个或短或长的生活、工作计划，可是这些计划多半无法得到十分严格的执行。就像我写微信公众号，在写作的过程中，我曾经数次调整过微信

## 第四章 别陷入机械化的人生

公众号的计划,包括更新频率、写作重点、开办一年左右要做到什么程度等。但每次计划执行下来,最大的感觉总是"计划没有变化快",大多数计划是没有办法按时、如愿完成的。

面对这种情况该怎么办?

我觉得我们应该释然,就像那个故事所暗示的:制订计划,其实就是为了打破的。

人类历史上最会做计划的人,或许是德意志第二帝国的首任参谋长毛奇元帅(也称老毛奇)。

此人应该是19世纪拿破仑退场之后欧陆战场上最璀璨的将星,是普鲁士军队打赢德意志统一战争的实际指挥者。

但毛奇的指挥风格与拿破仑截然不同,毛奇首先承认了自己的军事战略才能不及拿破仑,所以也不奢望像拿破仑那样打"用兵之妙,存乎一心"、依靠主要将领的天才灵感克敌制胜的"神仙仗"。而19世纪急速发展的工业,也让战争进入了工业化时代,拿破仑式的指挥艺术也越来越难以重演了。

毛奇的弥补之法,要求预先做好作战计划。为此,他极大地扩充了普鲁士的总参谋部,将该部门而非总司令(国王)或自己作为指挥整个作战的大脑。在开战之前，总参谋部的参谋们会在图纸上提前算好战争应该怎样进行，普鲁士军队应该用多少个师推进到哪里，围歼多少敌军，为此军用物资应该如何搭配，各个部队应该怎样协同。

虽然人类战争史上一直有"庙算"的说法，但毛奇和他领导的德军总参谋部的参谋们，是第一群把战争计划做得这么细致的人，这决定了普鲁士军队在统一战争中的超强战力。

然而，如果你把毛奇想象成一个严谨刻板、只会按照计划机械般行事的"机器人"，那就错了。1888年，搞了一辈子作战计划的毛奇卸任德军总参谋长，接任他职位的是瓦德西，也就是后来八国联军那个有名无实的总司令。在移交工作的时候，毛奇先是给瓦德西讲了半天已经做好的作战计划：对法国一旦开战我们要怎么打，对沙俄一旦开战我们计划怎么做。

但最后，毛奇话锋一转，非常郑重地提醒瓦德西："但你要明白，总参谋部的这些计划，并不奢望军队在战争中能完全达成——我希望你们今后制订计划也不要有这种幻想——而是在指示一旦开战，每支部队应该做什么。"

是的，毛奇的这段临别告诫，其实点破了一个好计划的实际意义：一个好的计划，并不是行动必须刻板遵循的一张图纸，而是架设在目标与行动之间的一座桥梁和路标。

明智的指挥者，并不奢望自己的作战计划能被完美地执行，而是要通过计划的制订与传达，将宏大的战略目标初步分解、细化，使得执行命令的军队明白需要大体沿着什么路径行进，才能为最终完成目标提供助力。这才是计划的真实目的。

但非常可惜的是，毛奇的这个告诫，并没有被他的后继者们很好地听从。毛奇的作战计划创下的赫赫功绩以及德国民族天生性格使然，让尽量精细地制订计划并刻板地遵从计划，几乎成为德军之后的最高准则。

毛奇的继任者是瓦德西，瓦德西的继任者是施利芬，施利芬在任时，制订了以他名字命名的"施利芬计划"，而这个计划到了毛奇的侄子小毛奇接任总参谋长时，又成了德国对法俄开战时的唯一选择。

最终，德国的军事乃至外交，都被这个计划所绑架了，保障"施利芬计划"可以顺利执行，反而成了德国一战爆发前夕一系列行动的目标。这最终导致了德国同时在东西两线开战的悲剧。

据说在一战前夜，德皇威廉二世还曾跟小毛奇有过沟通，说：现在法国那边可能还有交涉的余地，要不然咱们就放弃"施利芬计划"，专心对付沙俄算了。

一贯对皇帝唯唯诺诺的小毛奇在听了这话之后当场发飙。

他说：陛下，这怎么可能呢？这个计划是我们德国人数十年如一日搞出来的，精确到了每条铁轨的运用，每节列车车皮的运用，现在要放弃这个计划？那所有正在按计划调度的军人，都会成为手拿武器的暴徒，我是没有办法指挥这样一支军队的。

德皇威廉听了这话之后非常失望，说：如果现在做参谋长的是你叔叔，他一定不会给我这样一个答案。

但可惜，对计划到底是什么有着透彻理解的老毛奇已经作古了。德国人最终不得不按照既定计划去打仗。德意志第二帝国的"武运"，自毛奇总参谋长而起，以另一个毛奇总参谋长而终；自对计划的合理运用而起，以被计划所绑架而终。

军队如此，个人亦然。在我们的生活中，计划当然是必要的，但提前制订过于长远过于细致的计划，有时反而会成为具体操作中的绊脚石。比如，在微信公众号这个月的写作中，我就发现了这个问题：原本打算将每周的长稿、连载定时定量化，但真正执行起来后，这样的刻板安排反而会凝滞自己的思路——有时早上起来，突然想到一个好题目，可是与写作计划相悖，这时到底该怎么写，就成了一个特别让人头痛的问题。

所以，在思考过后，我决定在今后的写作中放弃过于定时定量的计划，将写作的自由还给每一天、每一瞬间的灵感。

当然，这并不是说之后我写文章就全无计划性了，长篇连载我也写，时事评论我也做，并且尽量保证均匀分布，只不过不再确定具体的更新日期。

## 世界有它的计划，但你应该另有计划

一位正在读高中的同学给我写了一篇文章：

西老师：

您好！

我现在是一名正在等待开学的高三学生，目前在班上成绩属前列。

按我们这里小县城的排名来推，我应该能够过重本线。但往上看一、二线城市的同龄人，真的是拼成绩拼不过，拼课外技能拼不过，拼人脉资源拼不过。

我现在想的是掌握一项可以不用仰人鼻息的技能，可以养活自己与家庭（这点您的文章里也提过，更坚定了我的想法）。

## 第四章 别陷入机械化的人生

但高考分数真的是敲门砖,去更好的平台肯定对行动更有利。现在,我在学习方面也不想报补习班(感觉现在的补习班都是割韭菜,割完一拨又一拨,难遇良师)。

但看到别人补习后分数有所上涨时,我能感到自己的戾气在上升。我也差点就加入补习行列,将内卷进行到底。理想这方面似乎又受到了分数的制约,让我感到理想在逐渐破灭。

照这样下去,我毕业后很有可能会走入体制,过着现在的我不想过的生活(亦或者以后的我对此甘之如饴呢?未可知也,但目前的我是不想这样的)。

所以,现在我算是陷入迷惘吧,理想的光芒虽然美妙,但是我感到深深无力。

劳烦您看这么多,如有什么看法与意见请尽管提出。毕竟我现在最缺乏的就是新的思想力量。

以下是我的回答:

这位读者朋友:

你好!

你的来信说的事情很多，也没有什么特别明确的问题，但我的确能感受到你的那种焦虑。这种焦虑感跟我高三的时候很相似。

我高中时候和你差不多，成绩也还不错，但要跟顶尖的那些学生争，我又觉得自己拼不过，我也很焦虑。所以，我高三的时候，逃课、闹情绪之类的事情也干过不少，现在想来，对当时成绩影响最大的就是这些无聊之事。我当年做得并不比你好。

可我们为什么会有这样无谓的焦躁呢？

后来，我读了很多人类学的书籍，才逐渐明白了其中的道理。这是进化给我们留下的一个坑。

压力与焦虑是人类的天性，请设想一下，在一个远古的部落，一个原始人如果每天为自己下顿吃什么而焦虑，于是勤于打猎，或者为自己能否获得异性青睐而有压力，因而增加魅力值，那么他活下来并繁衍后代的概率就会比不焦虑的人大一些。所以，为了未来焦虑，因臆想对手的强大而恐惧，这在当时绝对是一种好基因。在残酷的生存竞争中，这种基因很容易存留下来。

但问题是，人类文明用了区区几千年爆炸式地发展到了现在，现代游戏规则发生了深刻的改变。一个现代社会能施加给你的压力与焦虑已经远远超出了你部落时代的祖先。高考就是一个非常典型的例子，它把至少一个省里所有的学生都放在一个战场里拼杀，并号称决定了人一生的命运。

你要面对远景，不再是晚上能不能填饱肚子，也不是今年怎么过冬，而是这一生从事什么工作；你要面对的对手也不再是部落里那有限的几个人，而是全省上百万考生。

太多的竞争者和太长远的决定性影响，都超出了我们那颗原始的大脑所能承受的范围，而人类最近一万年来太快的文明发展没有为生物进化留下足够长的时间去适应它。所以，这种大大超出我们承受能力的压力，很容易就能把一个人的心态压爆炸，这是现代社会的一个普遍现象。

我们是什么人？

我们只不过是比祖先们多识几个字、多会算几道题的"改良版原始人"。但从采集狩猎、刀耕火种到如今，社会发展经历的可不只是改良，还有数场革命。社会游戏规则的变化远远甩开了我们心理和生理的进化速度，你感到无法承受，那是理所当然的。

而且，我要告诉你，高考只是你那个"原始大脑"对现代压力的不适应症的第一次爆发。人类现代社会之所以能比原始社会多创造数亿倍的劳动价值，并非我们每个人力有所增，智有所长，而是因为我们不断扩大了自己的协作范围——从部落，到村镇，到民族，再到国家，而至全球。

因为这种协作的需要，远景一定会越拉越长（因为别的协作者需要对你有更靠谱、更长远的预期），你所面临的竞争者也一定会越来越多（越成功的人越需要面临来自全球同行的竞争），随之而来的压力和恐惧一定会越来越大。

你看，为什么现如今会有那么多学生，在高考、考研、毕业就业时出现问题？为什么会有那么多人拼命"996"，却觉得自己没过上自己想要的生活？为什么会有普遍性的内卷、躺平风潮？

是现代人心理越来越脆弱，没有祖先们皮实了吗？

不，这是现代生活给我们制造的远景和对手，太让我们的原始本性无法承受了而已。

我们是西装革履、住混凝土大厦的"原始人"，我们的脑容量接受不了世界为我们展现的如此宏观的远景与如此众多的对手。

我们患上了对未来的"巨物恐惧症",这也是你现在的问题所在。

那么,我们应该怎么办呢?我的建议是,既然我们对这个世界给我们展现出的景象感到恐惧和眩晕,那我们为什么不把这个已经不适应现代社会的"感官"封闭起来,别去看、别去想那些让你承受不了的远景,而是优先干好你自己能认知、能接受、能完成的事情。

《你有你的计划,世界另有计划》是万维钢老师2019年出的一本书。

他在书中说的很多观点我都赞同。从本质上说,当今的世界,确实有很多逻辑和真相已经超出了我们那个原始大脑的理解范围。

但我在想,这个道理如果反过来讲,不也说得通吗?

是的,世界的确另有计划,但这也不妨碍你有你自己的计划,并按部就班地实施它。

世界有世界的计划，但我可以另有计划。

世界的计划很宏大，很长远，竞争对手很多，很容易让我们那颗原始的大脑感到压力山大，甚至当机、崩溃。

但你的计划可以顺着你的大脑来，很局部、很短期，只找几个有限的竞争对手作为标的；在这个较为舒适的目标环境下，你的大脑一定会更容易进行运作。

比如你说的人生规划，在你的来信中，我看到了太多别人灌输给你的宏大叙事和竞争对手：你身处小县城，就已经看到了一、二线城市的同龄人；你还在高中，就已经想到了将来会不会去体制内讨生活；你考虑上个补习班，就忧虑起了内卷的趋势……

其实你想得太长、太远了，这些对你而言，都属于"世界计划"，是老师、家长灌输给你的，他们也只能这样讲。

但在这个别人告诉你的"世界计划"之外，我想问你，你有自己的"自我计划"吗？那个更短更务实的"自我计划"？

这才是最关键的问题。

你有没有想过，无论是一、二线城市同龄人的技能、人脉优势，还是体制内的工作，其实都跟你当下的生活关系不大。

你未来一年能够考虑也唯一能考虑的，不过是在高考中多考一点分数而已。

在高考中多考一点分数，这应该是你未来一年生活的总目标，在这个总目标之下，你能够分解出很多分目标，哪一科要加强，要不要为此报补习班，学习和休息的时间该如何分配，等等。你看，在这个计划中，那些你在信中提出的担忧，大部分都是不存在的。

在这个计划之外的其他任何"世界计划"的幻影，现在对你来说都是虚无缥缈的，你想也没用，徒费心神，请不要让它们干扰你现实中的努力。

我曾经提到过一位大人物，说他少年时，同学立志要当伟人，他却说要先做好实事。

其实，他的性格中最大的特点就是，一直在按自己的计划来。在他所处的那个风云变幻的时代中，世界不断地变动着计划，可是这个大人物从来没有被这些变动的"世界计划"所迷惑。

变动的"世界计划"对他来说只是一个参考和助力，而不是路标。他自有明确而清晰的计划。事实上，你读他的著作，会发现这个人特别善于制订"自我计划"，短期目标是什么，怎么达到，长期目标是什么，要为此做什么准备，分得都特别清楚。

这个人因之完成了很多刚开始看起来根本不可能完成的功业。

而与他同时代的很多同僚，其失败的原因就是空喊口号，甚至被口号洗脑，根据口号决定当下的行动——这就是因为"世界计划"干扰自己行动的典型失败案例。

我是学历史的，我发现大部分能在风云诡谲的"大时代"最终成就事业的人，都有这种特质。人们总说，他们是时代的弄潮儿，但实际上，他们都是"自我计划"的坚定践行者，时代的大潮不过是推了他们一把而已。

结尾我想再跟你分享一下我当下的工作和生活，如我之前所自述的，我辞掉了体制内的工作，选择了自己文字创业。

有很多朋友劝我：眼下体制内的铁饭碗越来越金贵啦，微信公众号如今在走下坡路啊……

当然,我承认这些劝阻很可能都是对的,但有一个问题,这些都是"世界计划":铁饭碗越来越金贵,相应的竞争者也会越来越多,它的性价比一定会下降;微信公众号确实进入了红海期,但有好的内容还是可以出头的……

所以,这些大趋势都是有两面性的,它们是无法直接决定我们个人的兴衰荣辱的。

而与之相对应的,我考虑更多的,是我的那个"自我计划":我在毕业以后的自我定位,就是一个公众写作者,三年内我要读多少本书,在"吃笔杆子饭"的主流媒体内获得一个稳定职位,六年内我要读多少本书,在这个行业中获得一个较为骨干的职位,等做到十年的时候,我应该可以有一定名气了,能成为一线的写作者……

而去年,在我工作满八年的时候,我获得了这样一个机会,能够在我的"自我计划"中更进一步。

我当然一定要抓住它,至于阻碍我做出决定的那些因素,都是"世界计划",我左右不了,多想也只能徒增烦恼。那想那么多干吗呢？

你看，如今的我依然在忠实、执着地践行着"自我计划"，也许这个计划在未来会因为"世界计划"的变动而更改，但最终左右我每天工作和生活的，一定还是这个务实、短期的"自我计划"，我绝不会让未经"消化"的"世界计划"直接闯入我的生活……否则我会被吓怕，会像你现在一样迷茫。

世界有它的计划，但你可以另有计划。给自己定一些务实、浅近、基于自身能力的"小目标""自我计划"吧，将剩下的交给命运和你自身的努力好了，不要想那么多。

愿你不要焦虑，把高考考好。先订立自己的计划，至于别的，任尔东西南北风。

第四章　别陷入机械化的人生

## 别让太长远的计划控制了自己

我看到很多朋友也像我一样，有一种深切的焦虑。

我觉得，我们对选择的焦虑，本质上是对未来的焦虑，在这个变动不拘的时代，没人知道明年甚至几个月以后是怎样的。关于这种焦虑，我写了一篇文章，没想到居然能引起广泛的共鸣，它是一种我们这个时代的集体症候群。

那对于这种群体焦虑，我们该怎样缓解呢？

每当谈起未来时，我总是想起清末民初的国学家黄侃。

电视剧《觉醒年代》里，就有黄侃这个人。他是以反派形象出场的。

无意冒犯，但我觉得黄侃先生的人生，挺黑色幽默的。

这人是章太炎的学生，号称满腹经纶，但他其实没留下什么特别立得住的经典著作，因为这人有点狂，曾经夸下海口称：五十岁以前我不著书，因为学问不够，著书则多妄言，妄言多则徒增笑柄。五十岁以后我不读书，因为天下该读的书我都读过了。

可讽刺的是，刚好在五十岁那年，黄侃因为饮酒过量把自己喝死了，带着（自称的）满腹经纶进了棺材。

再后来，除了老师章太炎愿意给他这位"早夭"的学生吹吹牛之外，大多数人都不知道这伙计到底有什么宏图高论想在五十岁以后发表。

我大学是学历史的，一度也曾想过一直待在象牙塔，听从我们行内的那句规劝"板凳要坐十年冷，文章不写半句空"，等白发苍苍了再写个什么什么史来震惊一下学界。

但黄侃人生的这出黑色幽默，给了我一个重要启示：人生是经不起长远规划的，机遇和意外，你永远不知道哪个先来。

尤其是黄侃生活的那种举世滔滔的时代，用那种"前半生我苦心雕琢、憋个大招，后半辈子发出来吓死你们"的态度生活，属于书呆子行为。

基本上你的技能还在那儿读条呢，人家手快的一套连环招就把你击败了。

这也是在百家争鸣的"觉醒年代"这种人最先退场的原因。

所以，对于弥漫在史学甚至整个文科学界那种逼着人必须在七老八十"学养足够"时才有资格说话的风气，我觉得它也许有利于学科的发展，却极不利于研究者的身心健康。

学这些学科的朋友，为自己的人生观健全起见，与这种思维保持距离，尽量避免被其同化。

也正因有念于此，我早早地就从象牙塔里滚蛋了。宁可自己业余写点通俗历史卖文为生，也不写那些没人看的史学论文。

由这个经验推而广之，我进而认为，任何一种要求你把人生收益放在多少多少年以后的生活方式，都算不上一种好的生活方式。

比如，你在私企里要升职加薪，老板要你"为企业奋斗""把目光放长远"，那是他在给你"画饼"。

又比如，你决心去考公务员，觉得自己前十年耐心忍性，给领导端茶送水，将来升了职就能咋样咋样，那则是一种自我洗脑——你怎么知道你的仕途上不会出个什么事，一着不慎全局拉垮呢？

所以，人生不能没有长期规划，但也不能过于强调太长期的计划。那些能在当下就让你发挥出最大价值、干得也相对舒心，同时又能获得相应回报的工作，才是最好的。

"人，应当赶快生活"，这是《钢铁是怎样炼成的》里的话，紧接在"人最宝贵的是生命，这生命只有一次……"那段长篇描述之后，我们的教育往往只让我们背诵那段理想主义的宣言，却忽略了作者紧接着说了这么一句话。

其实这句话才是更含深意的。

在奥斯特洛夫斯基生活的那个动荡不拘的苏联时代，这句话比他前面那段长篇说教，更动人心魄，更能透露他的本心，也更对读者有益。

是的，人，应当赶快生活，赶快把自己想去的地方去了，想爱的人爱了，想骂的人骂了，想写的文章写了。

别等到什么意外来敲门时,再后悔因过于长远的计划和为计划做出的隐忍而耽误了自己。

至于未来怎么办,黑格尔有言:"未来不是理性推断的对象,而是希望与恐惧的对象。"

那就让我们多一些希望,少一点恐惧好了。

反正无论你是希望还是恐惧,时代的车轮,最终都会从你身上无情地碾过。

## 别让工作"驯化"了自己

记得我小时候,曾被家人带着去看乡下的一位大伯,彼时他刚乘着农村经济搞活的东风,办起了自家的大型家禽场,在当地也混成了有头有脸的富户。亲戚聚餐,都祝贺他发了财。

不过,大伯本人却不怎么高兴,他说:"这家禽场挣钱是挣钱啊,不过家财万贯,带毛不算,以前农闲的时候还能得个空,干点自己的事儿,如今为了伺候这些鸡鸭,得天天守在那里,跟着提心吊胆,它们反而都成了我祖宗了。"

若干年后,我读马克思的《资本论》,里面提到"劳动对人的驯化",就莫名地想到了大伯的那句"鸡鸭成了我祖宗"的论断。是的,表面上看,人类是为了谋生而选择了工作,但从另一个角度说,工作无时无刻不在对你进行驯化。

## 第四章 别陷入机械化的人生

马克思笔下的工业化大生产是这样的,资本家恨不得把工人当成一个个齿轮拧在他们的机器上。

我的那位自己开家禽场的大伯其实也是,养鸡场的风险和压力把他拴在了那里,让他一刻也脱不开身。

其实,整个人类之所以步入文明社会,恐怕也是因为这样一个道理。

20世纪70年代的时候,美国哈佛等大学的人类学者们曾经搞过一个实验。他们模拟了原始狩猎、采集和原始农耕两种生活状态,并统计它们的劳动时长,结果发现,在同等的原始技术条件下,狩猎、采集获得食物的效率能达到农耕的两到三倍。一个原始猎人每天花两三个小时捕猎的猎物,可能达到或超过当时的一个农夫工作半天到一天。

也就是说,在新石器时代,人类放弃狩猎转而种田,其实是一次自我奴役的过程。

既然如此,那么人类为何还要主动把自己的脖子往农业的桎梏里放呢?

原因是农业生产更有可预期性,更具协作化,最关键的是:

能够用更少的土地养活更多的人。距今约一万两千年前,当新仙女木降温事件骤然而至,气候灾变导致适宜狩猎、采集活动的区域极度缩减,人类被迫走出了"伊甸园"。

地必为你的缘故受咒诅,你必终身劳苦才能从地里得吃的。——《旧约·创世记》

而后农夫与猎人的竞争开始了,后者发现自由的他们无论如何都无法战胜那些弯着腰、每天忙于耕作,但却更协作、会定居的农民们。在两种工作模式的争斗中,更辛劳的农民就这样战胜了猎人,以不可逆转之势头席卷了整个旧大陆。

该隐对耶和华说:"我的刑罚太重,过于我所能当的。"——《旧约·创世记》

从狩猎而至农耕,从农耕而至工业,再从工业而至信息,人类时代的演进其实是在不断重演这个过程。

在农业时代,农民们只需在农忙时节"锄禾日当午,汗滴禾下土"。

在工业时代,工人和工程师们开始必须每天上班,陪着开动的机器"三班倒"成为一种常态。

而到了信息时代，我们开始见识了"996"的"威力"，不管你身在何处，手机里领导的微信就是一只无形的大手，可以随时把你摁回工作岗位上。

20世纪初的经济学大师凯恩斯曾经给人类算过一卦，说到21世纪初，人们只需要每周工作十五个小时，干五休二的话每天仨小时，就能完成工作。

大师的这个预言，今天听来简直是笑话，今天，无论你从事什么职业，敢这么干肯定吃不上饭。原始猎人倒是符合这个工作标准，不过这种生存状态不在未来，而在过去。

时代越发展，技术越进步，人反而越活越累，工作对人的驯化完成度反而越来越高。劳动仿佛是有自主意识一般，在不断吸引、驯化人类在其身上投注更多的时间和精力。

而这种表象之下，真正促使我们的工作之弦越拧越紧的，是交流、协作加速带来的竞争的同步加剧。在信息时代，你无论工作得多拼命，都能在你的协作网络中找到比你更不要命的工作狂。在与这些人协同、竞争，甚至内卷当中，你的空余时间统统消失无踪了。

所以，这个时代的保命诀窍，是你必须偶尔跳出工作，让自己歇一歇，而这也是我目前经常提醒自己要做的事。

记得我从某个单位辞职的时候，有位领导还告诫我："你辞职可以，但回去以后一定先养好身体，别干得太拼命了。"

这话我初听时其实没能理解，辞职没了工作，原本该算是躲了个清静啊，怎么还会有"工作太拼"之忧呢？

但自己干了半个月，我才明白领导真的是有先见之明，一旦辞职自己创业，风险自担、财务自理，千头万绪就一起涌来。我平时除了读书写作之外，还必须应付商务、讲学、谈合作等各种杂事，忙得不可开交，直到目前，其实还没有找到合适的节奏，却已经疲劳不堪。

然后，我逐渐想明白了一件事，我之前做的工作，虽然也说要搞信息化，但其实它的工作逻辑还是工业化时代的，八小时和加班之外，你仍可以支配自己自由的时间。

但辞职之后，我却把自己真正抛到信息时代的大潮当中，这种新的工作强度和快节奏与我既往的生活是存在代差的，需要我重新适应、调整。

所以，在此也回答一下一些跟我同龄甚至更年轻的朋友的问题，有人问：你辞职之后，是不是有大把时间可以自由支配了？好羡慕你，我也想辞。

在此，我劝所有做此想的朋友：千万千万要慎重，如果你和我一样，是辞去一个属于工业时代的工作，找一个属于信息时代的自由职业，那么肯定会比过去更忙。

因为历史告诉我们，每个新时代所产生的新工作都只会比过去更累，工作对人的驯化之鞭是越打越急迫的。

在这个时代，我们真的无处归隐。

## 我的拖延症是怎么被治好的

一

我非常喜欢的小说家大仲马,一次在小说前言里,讲了一个比小说本身更有趣的故事——他被报社的主编催稿,要写一篇名为《阿尔贡的内勒》的小说。

可是每次刚写了几句,他就发现自己写不下去了,犯了拖延症。

但相比同时代其他文学巨匠,大仲马有个优势,即他有个好儿子小仲马,此人跟他爹一样是个出色的小说家。

于是,大仲马就找小仲马来聊天。

聊着聊着,小仲马发现了问题所在:他老爹在谈小说构思时兴味索然,却在谈另一个毫不相关的故事时特别兴奋。

于是，小仲马就建议说：我要是你，我就不写什么《阿尔贡的内勒》，而是把你刚才讲的那个故事写出来。

大仲马闻言很犯难："可是，《阿尔贡的内勒》我已经准备了两年了。"

小仲马犀利地吐槽说："你准备了两年，还没把它写出来，那说明你永远也写不出来了。"

此话应该击中了所有拖延党的痛处。

这场作家之间的父子局，是我十五岁的时候读到的，读了这个故事之后，相当程度上治好了我的拖延症。

自我写微信公众号以来，很多朋友对我几乎每天都有东西写表示过吃惊。其实，我的创作习惯是这样的——每天坐到写字台前，把脑子中已经打好腹稿的文字放到一边，先问自己一个问题："相比于这些存稿，我今天有没有更想写的东西？"如果有，那么那个临时的思路，就会替代积压的存稿，成为我这一天想写的题目。

结果证明，这种"临时起意"优先于"酝酿许久"，反而是最高效的。

时下很多人都会犯拖延症，而分析大仲马的那次拖延症之后，你会发现，挡住他写出《阿尔贡的内勒》的，其实恰恰是他脑内正在构思的那个新故事。

在潜意识里，他已经把兴趣转向了那个新的创作，灵感都被"截流"了，由于"新欢"已至，他酝酿已久的那篇文字反而写不出来了。

是的，对于一个拖延症患者，尤其是患拖延症的创作者来说，阻碍他工作的最大原因，是他心里有另一件更想干的事儿。

而最好的解决方式，莫过于化拖延症为创造力，先把你时下最想做的那件事做了再说。

你会发现，当你化拖延为动力，做起事来总会特别高效。

我是以这种创作思路来写我的这个微信公众号的，这样做的好处是我几乎天天可以和读者们交流，每天都有新稿子写。

但坏处则是：

第一，我的文章题材会很杂，东一点，西一点，热点和冷门，让不同口味的读者等得都很辛苦。

第二，我会欠很多稿债，很多拖更已久的稿子，会一直持续地拖延下去。

这些稿子一直欠奉，让我对期待它们的读者感到很抱歉，它们没被写出的主要原因，是它们一直都不是我某一天坐在电脑桌前时最想跟读者说的话。而随着热点过去，时间推移，它们的优先级可能会越压越拖后，而能把它们写出来的唯一可能性，就是我尝试改变一下写作习惯，试一下憋稿子的方法是否有效。

所以，我决定给自己放两天假，强迫自己将创作冲动遏制一下。回头整理整理自写公众号以来那些"压箱底"的思绪，看看我是不是有什么错过和遗漏……

因为有些思路，在我脑内已经"排号"快一年了，再不写出来可能我自己都快忘了。

所以，最近这一周，我未必日更，而是尝试还几个大的稿债。

## 二

大仲马最后写出来的那篇小说，名叫《耶户的一帮子》，中文名被翻译成了《双雄记》。

这本书非常冷门，冷门到现在似乎在中文市场上已经找不到再版。但该小说实则对后世通俗小说，乃至影视、戏剧都起到了巨大影响。

因为它确立了一个经典的"双主角"叙事模式，两名身处对立阵营的主角，棋逢对手，打得有来有回。你在后来的很多通俗作品中都能看到这种模式的影子，无数后世小说都在向这种模式致敬。

随便说几个例子，比如古龙的《绝代双骄》里的江小鱼和花无缺，比如《银河英雄传说》里的杨威利和莱因哈特，比如《亮剑》里的李云龙和楚云飞，比如《名侦探柯南》里的柯南与基德。

但这种"双雄"思路能成立，有一个前提，那就是战斗双方都是守住了共同底线的英雄。彼此的价值观都是立得住的。在大仲马艺术化的笔法下，哪怕是法国大革命时代那么残酷的政治斗争，斗争双方都是很绅士的、讲道德的、有底线的。这样写出来的小说，宛如两个棋逢对手的侠客对阵，打得有来有回，战斗很有美感。

# 第五章

## 关于学习那些事

# 第五章

## 天上の市場

## 学什么，是很重要的事

2021年，高考分数要公布的时候，我的微信公众号后台接到不少家长和应届同学的留言，问我：小西，报志愿你有什么建议？选什么样的专业你觉得最好？

起初我看到这样的问题，觉得挺吃惊，因为我既不是老师，也不是干招生的，甚至还没有为人父母，怎好胡乱提意见呢？

但后来仔细想想，这么多人问我倒也是有道理的。

中国这些年最大的特点，大约就是变化太快，快到很多父母无法给自己的孩子提供人生指导。记得我高考出分报志愿那会儿，我爸虽然也是当年的大学生，但看到崭新的填报志愿表格和那些五花八门的专业以及学校，真的是干瞪眼。

而这时候如果你去问高中老师,老师一般都会鼓励你报有把握的更好的学校,而较少考虑专业适不适合你的问题,能十拿九稳上985,一般老师绝不会鼓励你去211;能去211,则不会让你去普通学校——毕竟985、211的升学率,培养出名校学生这种殊荣,是给老师增光的数据,也是将来老师们事业生涯的硬指标。

至于各类专家的"填报指导",那可信度基本上跟"××投资专家教你炒股票"一个等级。

所以,这事儿我还是有资格帮大家多句嘴的。

我的年龄介于那些正在犯愁的家长和学生之间,离开校园至今也快有十年了,大学毕业十年是个坎儿,当年资质看似差不多的高中、大学同学如今混得怎么样,也都初见分晓。

我平时也有很多观察、比较,得到的结论是:对一个中国青年来说,高考出分填志愿这几天,真的是他一生中"命运含金量"最高的时刻之一。选一个靠谱的专业、学校,有活力的城市,真的特别重要,它对你人生的重要程度不亚于拿破仑翻越阿尔卑斯山,恺撒渡过卢比孔河。

当然，即便上了大学之后，你还可以转专业、转学校，甚至退学重考，但这些选择在今天中国的教育体系下都是"窄门"，你要做这种改选，付出的代价与现在认真点选一个专业和大学所花费的力气不可同日而语。所以，一定要慎重。

以下是我根据自己、同学的经验，综合一些老师、之前同事和领导的看法，给正在填志愿的家长和同学们的四个建议。

事先声明，如果你是超级学霸或者家里有矿，请无视这些建议。

就像物理定律必须要有个适用范围一样，以下这些建议，也只针对普通家庭的普通孩子。

## 一

我的第一个建议，如果你家庭的近亲属当中有人在某一个行业十分成功、掌握着相当资源，请在报志愿时优先选择"投靠"他，听从他的意见，选报他"够得着"的专业。

很多人听了肯定会急：小西，你这不是鼓励我们走后门，做

"精致利己主义者"吗?

并不是,听我慢慢往下说。

在写这篇文章之前,我把我认识的同龄人目前的际遇在脑中过了一遍,结果发现他们中能力兑换成就"性价比"最高的,是我一位高中同学。他目前在某知名国企做技术设计工作,年纪轻轻已经混上了中层,在二线城市月薪数万,工作轻松、有房有车、家庭美满。我们都很羡慕他,因为他家也并非大富大贵,能做到这个层级,真的很不容易。

我这位同学大学报考他所学那个专业的原因,是他叔叔是同行业另一家国企的副总工程师——我这里并不是暗示他后来的就业是走了什么后门、裙带关系。事实上,这种关系即便有,也不是他成功的主要原因。

由于他叔叔就是这个行业中顶尖的"行内人",可以经常耳提面命,所以我这位同学在大学时就非常清楚自己应该学什么、往哪个方向努力。当他那些家里没有相关职业家长的同学在大学里还在瞎学的时候,他对这个行当的人才需求已经门儿清了。别人是闭门造车,他是有备而来,这么努力上几年,人家的专业素质就是比其他人高上一大截,一走向社会,你怎么跟这种人竞争？

更毋宁说，他叔叔在业内还有强大的人脉资源网络，这些人脉是不需要通过"走后门"那么低级的方式介绍给他的，更多时候只需要和"叔叔、伯伯、阿姨"一起吃个饭，互相认识一下，混个脸熟，他很自然地就把人脉的"势能"转换过去了。而人脉意味着机会，机会对年轻人来说是最稀缺却也最宝贵的。这一点相信毋需我赘言。

不仅是我这位同学，我身边的其他同龄人中，在同行业、同城市、同学校有这种至亲前辈"铺路"的人绝大多数都比其他人混得好。所以，报志愿时优先"投亲"，虽然俗，但绝对是最应遵循的黄金准则。

而这一点，其实不是当代中国特有的潜规则，从整个人类历史看，"子承父业"都是一条一直运行的铁规律。

今天中国大部分大学的工科专业，起源于欧洲近代的职业学校，而欧洲很多职业学校最早又都是各行各业的行业工会兴办的。这些学校当时普遍采用的录取制度是推荐信制度，学生想入学，必须要有行业内有头有脸的人物写推荐信。

这种推荐信既证明了入学者在该行当里有相当的人脉，也一定程度上保证了学生毕业后可以找到合适的工作。所以，一个没有亲友在行内工作的青年，想进这样的专门学校学手艺，在当时是极难的。

将工科请进大学，让学生在选择"手艺"上享有充分的自由，是在19世纪德国洪堡教育改革之后才出现的。

洪堡教育改革以及之后的德式、苏式教育制度，其本质是试图以国家分配代替私人关系，让最合适的人才从事最合适的行业。

这个理想是非常美好的，可惜人类从没有真正实现它，因为人性如此，我们很难撼动。

所以今天，无论是受洪堡教育改革影响较小的英美，还是中国，有一个行内亲友都是一个年轻人在学习、从事某项职业时无可比拟的优势。

中国改革开放初期，是一个经济高速增长、资源与机会大量涌现的时代，这个时期一个外行人依靠自己的打拼成为行内龙头是相对容易的。

可是眼下，不需我多言，我们正进入内卷时代，内卷的本质就是同行之间的惨烈竞争，这时你比同行多一点点人脉、经验优势，都能在竞争中得胜，而一个行内的成功亲友能给你赋的能绝非一点点。如果你有这种资源而不用，放弃它改投其他行当，那可能会成为让你抱憾终身的事情。

所以，高考填志愿的第一条——如果家中有在某个行业中成功的至亲，请优先考虑投靠，或至少听从他们的建议，进行选择。

## 二

如果你说：小西，你说的那种行内牛人，我家别说至亲，连好友都找不到一个，那怎么办呢？我相信这种情况也蛮普遍的，因为我们这种人是"纯普通人"，那么接下来的问题，就是我们必须要在专业、学校和学校所在城市这三要素之中进行取舍。那该怎么选呢？

于是就有了我的第二条建议——在专业、学校、城市这三要素中，请优先用分数换个靠谱的专业。

法国启蒙时代的思想家卢梭有一个观点，他认为一个人无论地位多么尊贵，都应该有一门傍身的手艺，这样的话，即便将来身份陨落，因为有技能傍身，也不会沦落到太惨的境地中去。

后来，有位国王就是因为读了他的著作，苦心钻研修锁和各种机械技术，想着即便某天革命来临，自己还能靠这门手艺混口饭吃。

很不幸的是，这位非常听人劝的国王名叫路易十六，后来法国大革命真的发生了，他的修锁技能非但没有帮他谋生，反而成了他上断头台的罪状。

不过，我们也可以说，路易十六的错误在于他违背了我们之前所说的"择业第一准则"——他家祖辈就是专业干国王的，他非要"自主选专业"去当锁匠，结果拉了垮。

抛开路易十六这个个案不谈，卢梭这个"有门手艺不挨饿"的思路其实还是很对头的。我的读者当中很多人都喜欢问我未来社会会怎样，但其实这不是我们这些普通人能考虑的事情，我们该优先考虑的是像卢梭所思考的那样，先让自己生存下去。而正如《水浒传》中所表现的那样，无论是在朝廷里还是在江湖上，像"玉臂匠"金大坚、"神医"安道全这样的"技术人才"，都是吃香的。

所以，挑一门有一定专业壁垒、值得花上四至七年去好好学一下的"手艺"，确实是眼下正在报志愿的学生们最该考虑的事情。那些专业壁垒不明显、社会没相关应用的专业，像中文、哲学，以及我所学的历史，我建议家里没矿的朋友就尽量不要选了。

这些专业本科甚至硕士读出来，你都相当于没专业。人生中最宝贵的这几年，你耗费在一门不能毕业后立刻给你和家人换来对应收益，只能跟人家聊聊理想的专业上，你不觉得很亏吗？

更何况，如果在这种专业的象牙塔里一条路走到黑，如果遭遇的不是六年非升即走，那就更惨了。

不是说基础学科不应该学，而是说这些"坑"在当下，不应由那些还需要为稻粱谋的普通学生用他们的青春、金钱和血肉去填。

还有一些专业，虽然看似有专业壁垒，但也被认为是坑。比如我上大学时就盛传"劝人学医，天打雷劈；劝人学法，千刀万剐"。这话初听似乎很奇怪，法学和医学，看似是文理科当中各自壁垒极高的行当，怎么就坑了呢？

问题在于，这两个行业都是"马太效应"极重的行业，学生毕业后往往好的极好、惨的极惨，你是名牌大学的医学、法学学霸，毕业后进大医院、大律所财运亨通；你要是普通大学的、学习一般的人，毕业后即便不失业吧，也差不多。

所以，真正好的专业，是那种社会需求量较大、毕业后同行业收入差可容忍的行当。比如程序员，据我观察，虽然他们自我调侃为"程序猿"、每天"996"，但普遍收入都能达到所在城市的中层以上，理由无他，因为他们从事的是"朝阳产业"。

风口上的猪，就算飞不起来，跑得也比人家快。现实就是如此。

类似的专业还有很多，这里不一一列举了。总之，在一个好大学的烂专业和一个普通大学的好专业之间，我还是旗帜鲜明地支持大家选后者。因为一门合格的手艺，是你未来生活有质量的最重要保证。

## 三

现在我假设专业的问题已经被你优先考虑，剩下两个要素，学校和学校所在的城市，你该优先选择哪个呢？

这里我给出我的第三个建议：学校与城市之间，请先选择一座让你觉得未来有发展希望的城市。

我高三那会儿，班里唯一可供公共阅读的"课外读物"是一本官方出版的《大学排名名录》，我们这些学生穷极无聊的时候就喜欢拿来翻阅，所以我把我高考那一年中国的大学排名榜背得是滚瓜烂熟。

这两天我为了写这篇文章，又去查了查最新的榜单，发现了一个规律——当初那些身处二、三线城市排名却靠前的"好大学"，除极个别外，如今纷纷陨落，跌了名次；反倒是那些一线城市的"二线大学"，名次上升得非常明显。

其实想一想这也是必然结局，教育体系是中国最晚脱离计划经济的体系之一，计划经济的原则是全国一盘棋，所以会在各地撒芝麻盐式地建很多优质大学。但这种安排是不符合市场规律的，知识与经济一样，天然地遵循群聚化的原则。一座一线的大城市，将几所较优质的大学聚集在一起，其产生的加成效果绝非一座二线城市苦巴巴地将资源灌给一棵独苗能比的。这就是一加一大于二的效果。

以我自己为例，我大学是在上海复旦大学上的，毕业后又去北京大学学习了一段时间，按说北京和上海，北京大学和复旦大学，都是一线的城市和大学，应该不会有太大的差别，但给我的感觉是，两者之间还是有着极大的差距。北京大学讲座的数量和质量，较之我母校还是强很多的。

究其原因，就是北京毕竟是中国教育资源最密集的地方，清华大学、北京大学、人民大学等学校的老师彼此串个门，产生的累加效果也非其他地方可想象。

清华大学、北京大学最大的优势是，彼此挨得很近。

更毋宁说北京还有大量国字级的专业名校，如果各学校的校园不因疫情等原因对外校封闭，你在北京大学附近上学，也几乎能成半个北京大学的学生。这是中国其他任何一个城市不可比的。

而上海的优势在于它的经济要比北京更强，所以到毕业时，像复旦大学、上海交通大学这种学校在当地的认可程度就会比外地名校高一个层级，用人单位会更愿意选取复旦、上海交大的学生。初看这仿佛是高校地域歧视，实则不然，因为一所本地学校毕业的学生在毕业后能调动的人脉资源是一个外地学生不能比的，这是一种天然的"地利"。

眼下的中国走在老龄化的道路上。以日本的经验看，青年人口萎缩带来的一个副产品，就是青年人和资源、机会，都会向有限的几个大城市聚集。

所以，在可预见的未来，中国各线城市之间收入、就业机会的差距会扩大而不是缩减。各城市为了争夺年轻人，一定会尽力建好自己城市内的大学，并给其学生在当地就业的优惠。所以，选择在一座好的城市上大学，往往就意味着你半只脚已经踏入这座城市的大门。

这座城市的资源、机会和它的氛围都会影响你性格的养成，从长远看，这其实比大学更重要。

还有另一个原因，是如今中国大学其实同质化现象比较严重，当下中国并不存在一所学风特别独特的"霍格沃茨"。大学的区别主要就是级别不同，能调动的政策、资金、资源不同而已。

在这种背景下,你就更不值得在报志愿时给"好大学"太高的选择权重了。

## 四

综上所述,在填志愿时,有靠得住的至亲关系的,请先遵从"投亲"原则;没有这种关系的,先选好专业;专业一定的情况下,先选好城市;城市差不多时,再考虑大学优劣。这是我给大家做出选择时的权重排序。

当然,我这样说,肯定有读者会反问:小西啊,你这样排序,梦想放在哪里?爱好放在哪里?

这是个好问题。在此,我恳切的建议是,如果基于上述排序,最终选择的专业、城市、学校你都觉得自己可以接受,不是特别反感,我极不建议你因为自己有所谓的"梦想"而变动选择。

报志愿的时候不要追梦。

重复一遍,不要追梦!

我这样说并不是因为我鄙视梦想，恰恰相反，当年我在做高考志愿的选择时，我就是追寻梦想的——想当初，在家里能帮我一把的某个选择和自己去名校闯荡之间，我选择了后者；上大学后，在有好的就业前景的专业与自己所喜欢的专业间，我又选择了后者；毕业后，在留在上海任职和"逃离北上广"从事自己喜欢的写作之间，我还是选择了后者。

所有这些选择，我都是以梦想为先，我几乎违背了今天我给出建议中的每一条原则。

你可能会说：小西，那你现在不是成功了吗？你有我们这些读者，大家还都这么捧你。

也许是吧，但我想说，我这条路实在是走得太偶然了，能到今天这一步绝对是人生的小概率事件，之前的命运稍有变动，我现在都可能过得很惨。

而且，我也不能保证未来不会出现这种变动。

所以，这条路是很不保险的。

更何况，这一路走来，我其实错失了太多东西，爱情、家庭、事业，如果我当初理智一点、客观一点，可能同样的才智和努力，我在另一条路上能更早、更轻松地得到这些东西。如果计算这些业已付出的机会成本，我"追寻梦想"的代价就实在太高昂了，远超过当年那个刚刚结束高考的我懵懂中的预想。

有人说，在懵懂中做出不计代价的决定，这本来就是青春的一部分，所以"青春无悔"！

是的，但我要说，我们这些"过来人"，既然知道了代价有多大，就有责任跟后来者讲清楚。

不拦着冲动的年轻人追梦，光扯什么"青春无悔，理想万岁"，这就是在坑人。这样做不厚道。

所以，那些即将做出选择的朋友们，说实话，我很羡慕今天的你们。请想清楚，你们可以不听上述建议，并且赋予梦想极大的选择权重，甚至（像我当年那般）做彻底的逐梦者，但这个代价一定是高昂的——现实的引力很沉重，大多数超脱飞扬的梦想，最终难免砰然坠地。

先脚踏实地，寻一个得以安身立命的一技之长，再仰望星空，这也许是你们眼下最需要做的。

# 为什么我不建议你像我一样学历史

前两天有一位热心读者在后台给我留言,他说:

西塞罗老师,我一直关注您,很佩服您谈古论今的学识。

我是一位大一新生,对历史学非常感兴趣,可是大学被调剂到了一个自己很不喜欢的偏技术性的专业。我想转去历史系,可是家里不是很同意,怕将来不好找工作。

其实我家境尚可,我个人也比较淡泊名利,并不在乎毕业后能挣多少钱。

眼下临近转专业申请递交的截止日期。我现在心里很矛盾,不知道是应该听从家中的劝告,还是跟从自己内心的呼唤。

知道您当初也是从理科转入历史系的,您的文章是我业余阅读中的一缕光,让我看到历史写作的希望,想听一下前辈对此有什么建议。

我这样回复这位读者。

这位读者朋友:

你好!

感谢你的来信,你来信中称我为"西塞罗老师",愧不敢当,叫我小西就好。

我的这封回信会很长,如果你无心看完,我的回答其实很简单:不要转,千万不要转!

你说到"一缕光"什么的,让我突然想起了古希腊的一个神话传说:

著名的琴师奥菲斯为了救回死去的爱人深入冥府,用琴声感动了冥王哈迪斯。哈迪斯答应奥菲斯,他可以带着爱人离开,但

## 第五章 关于学习那些事

条件是走出冥府之前都不许回头。奥菲斯心想这也简单，就答应了冥王。

就在奥菲斯已经走到冥府洞口的时候，突然看到了凡世照进冥界的那一缕光。他忍不住兴奋地回头向恋人报喜。

结果"一切像梦幻一样消失了，死亡的长臂又一次将他的爱人拉回死国，只给他留下两串晶莹的泪珠"。

奥菲斯的悲剧，是因为相比冥王的老辣，他太年轻，年轻就容易冲动，冲动是魔鬼，因为看见"一缕光"就一时冲动做出的决定，多半是错误的。

而我觉得你现在想转专业的决定，很有可能就是冲动。

今天早上得到一个消息，著名历史学者何兆武先生去世了。

你说你跟我很像，是个理科生，却对历史感兴趣，其实我们都跟何兆武先生很像，他当年刚入西南联大的时候是学土木工程的，也是因为兴趣和理想的感召，才弃理从文，学了历史。他非常不容易，做成了一代史学泰斗。

但你读他后来的文字、访谈，你会觉得老先生对当年的这个选择，虽然说不上后悔，但好像有了那么一点点反思。

瞿秋白曾经说过："知识分子就像是菜刀，菜刀情急之下也可以被抡起来杀人，但杀人毕竟不是菜刀的使命。"同样的道理，何先生当年满怀理想，弃理从文，走入历史学界，我相信他对人生是有一番自己的期许的，翻译几部作品，是否达到了他当年的期许呢？

老先生已经驾鹤西去，我们不好乱猜测。

一代人能被一个时代影响到什么程度，与你到底搞什么行当高度相关。

比如，假设何先生当年在土木系学下去，可能他这种遗憾就会少很多。

一个学理工科的人无论生在什么年代，只要不是太倒霉，踏踏实实地做点他的事业，总还是有可能有一番大成就的。

那我们再来看另一个问题，学历史以及类似的纯文科专业，你未来的就业面真的非常非常窄，待遇真的不高。

这是个很俗的理由，但你说你淡泊名利就能免俗吗？未必。

## 第五章 关于学习那些事

历史系毕业的学生一般只有两条路：一是在象牙塔里"打怪升级"，本科、硕士、博士、博士后一直读下去，毕业后找个大学当上讲师，然后继续"打怪升级"，再讲师、副教授、教授一路慢慢熬，最后等你混到五六十岁的时候，你可能会成为圈内小有名气的学术泰斗，拿到别的行业三十岁左右就能挣到的钱。

另一条路，就是毕业后直接出去找工作，那么你很难找到与自己大学所学专业对口的行业。历史专业在就业市场上有多么没竞争力，不必我多言了吧？

你说，既然热爱一门学问，就应该献身给它，乐在其中，潜心研究就好，管它能挣多少钱。

但我要提醒你的是，钱的问题之所以难办，就在于它其实不仅仅是钱的问题，还涉及其他许多出乎你现在意料的事情。

因为你人生会有无数种展开方式，你根本不能保证自己将来心态会不会有变化。

比如，虽然不敢自比何兆武先生，但我当年转入历史系的时候其实也有一腔豪情，觉得穷点就穷点呗，我不在乎。

那会儿还没有动车，假期从学校回老家要坐绿皮车，车上一同回家的乘客问起来:"小伙子,你哪个大学的啊?"我答:"复旦大学的。"他们都会变得特别崇拜:"高才生啊,前途无量。"可是再问"你哪个专业的啊",我答:"历史系。"他们的表情又都会很尴尬:"可惜了,这专业不好找工作。"

当然,我最开始都付之一笑:你管我?我自己学得开心就好。孔子怎么说的?"一箪食,一瓢饮,在陋巷,人不堪其忧,回也不改其乐。贤哉,回也!"

可是转折发生在大二暑假,这段时间我恋爱了,对方还是我从初中起就一直喜欢的女孩。

一个男生,一旦有了女朋友,心态立刻就会发生变化。我开始考虑我们将来怎么办,我毕业后还要不要继续读研(我和她在不同的城市上学),如果需要立刻找工作,我又能不能立刻找到一份理想的工作,陪她一起过还算体面的生活。

这个时候,我的底气就不像当初那样足了。

有一次,还是放假回家,我从上海坐火车到济南,接上女友后一起回故乡。

邻座是个小伙,估计是看我有这么漂亮的一个女朋友而很是羡慕，于是问道：

"兄弟，你在哪里上学啊？"

"上海，复旦大学。"

"哎呀，你们真是郎才女貌。"

听他这么恭维，我本来应该高兴才对，可是事实上我心里却慌得很，因为我特别害怕他追问一句："那你学什么专业的？""哦，历史啊，那你将来毕业后养得起人家吗？"

当然，这些都是我的臆想，事实上人家很含蓄，直到车到烟台都没延续这个话题。但对我来说，这个问题成了一个永远的心魔，让我不断地为自己寻找答案。

当然，我也不断地在劝服自己，只要肯努力，将来机会多的是，好好先享受爱情和读书，工作的事情毕业后再说。

但就如同被哈迪斯耳语过后的奥菲斯一样，你内心越警告自己不要干的事情，往往越会下意识地去做。

我开始不停地焦虑，问自己也问女友，我们将来该怎么办，我这个专业就业前景可不好……

最后不用说，已经魔怔了的我成功搞砸了这段本来十分美好的恋情。

失恋之后我大病一场，不断地质疑自己那个问题：我当初凭着对历史的一腔热爱转入这个学科，觉得自己已经做好了放弃一切、一心做学术的准备，但这个决定真的是经过深思熟虑的吗，还是仅仅是头脑一热后的一时冲动，就像奥菲斯看见曙光后的那个愚蠢的回头一样？

是的，我把这个问题也提给你，给我来信的那位读者。你真的已经做好了你自以为做好的那个准备了吗？你说你已经做好准备淡泊名利，那你为你未来的妻子、你的孩子，甚至未来的自己做好这个准备了吗？

你得好好想想。

你的父母说历史学就业前景不利，拦着你不让转，不要觉得他们很俗。他们很俗，是因为他们的人生经验告诉他们，年轻时代每一个"理想"的价格，都不像其标明的那样低廉。

你不这样想，不是因为你"不俗"，只是因为你没经历过。

在做这种关乎一生的决定时，请你先假设自己有一天会变成一个与他们一样饱经沧桑的俗人，充分预估到理想背后那些不可测的改变：

如果你也遇到一份让你更为珍视的爱情并且不想让爱人陪你一起过那种清贫的学术生活呢？

如果历史学术圈的氛围，不如你当初所想，让你感到无法忍受呢？

一个人在选择自己的谋生手段的时候，要尽量选择那种能"保留变化"的行当，不说"走遍天下都不怕"，至少要有一定的抗风险性。而历史学和很多文科专业，恕我直言，虽然有其魅力，却都太不"保险"。

所以，愿你能选一个"保险"的手艺，不为别的，因为我们的时代还有无数种前景，你的人生也还有无限多种可能，此时此刻，你应该尽量保留变化。

# 未来，文科生为什么一定有前途

在之前的文章中，我写过一篇答读者来信，给面临高考选专业的读者提了个建议——尽量挑专业壁垒强一点的、偏理科一些的专业。

不过这就带来了新的一个问题，好多朋友来信问我：小西，要是我已经上了文科的"贼船"，那可咋办呢？

好吧，今天我就再补一篇文章，说说这个事情——文科到底是不是一个"坑"？如果你不幸掉到了这个"坑"里，那你该怎么安慰自己，提振自己的信心？

照例先从这样一位读者朋友给我的留言谈起，她的来信是这样的（有改动）：

小西：

　　您好！

　　我是一名普通本科学校的文科生，今年大四了，眼下正在考研，报了一个文学类专业，虽然第二轮复习还没结束，但最近总觉得这条路走得没希望、没意思。前两天，合租的一位理科女生说了两句话刺痛了我："你们不就是背书吗？""就靠资料的阐述，又没有创新性见解，也能拿够分。"我听后很郁闷，但想想也是，本科没学到什么有用的东西，现在又去考研，只是为了那个学历，如果考不上就去卷下一届，但考上了，也不过就是继续生产学术垃圾罢了。

　　可又能咋办呢？我观察到我身边的人乃至整个文化传媒学院的同学们，也几乎都在准备考研，要不然就是考编。大家似乎也没有什么更好的出路。

　　我想问，你怎么看待普通本科学校的文科生？现在文科的招生人数是不是过于多了？

一位困惑的文科女生

我是这样回复她的。

这位同学：

你好！

首先，我可以肯定地告诉你，文科生肯定是有用的，即便出身普通本科院校，只要你努力，你的将来也未必比讽刺你的那位理科妹子差。事在人为。

至于"文科的招生人数是不是过于多了"，这个问题对你没什么意义，因为严格说来，目前中国大学几乎所有专业的招生人数都过多，你在大学校园里看到的大多数同学毕业之后都会为找工作发愁，不论专业。而这种事儿你改变不了，所以也不用去操心。还有你强调的"普通本科学校"，这事儿其实你也不用太在乎，就像我以前在一篇文章中说的，中国国内各个大学之间的差距，真没有那么大。

简要地答完之后，下面我详细解答一下你的第一问：学好文科，在未来，为什么一定会有前途。

其实你"大学文科没学到啥"的苦恼，我在大学的时候也经历过，而且应该比你的更刻骨铭心。我大学的时候找了个女朋友，是我中学时的班花，追了很多年才追到手的。男生嘛，心仪的女生多看他一眼，他连俩人孩子叫什么名字都能给想好了。我当时也自然在为两人的未来做规划。但我一旦真正规划起来，却发现不行，我大学理转文，进了历史系，而这个专业实在太不好找工作。我的那些师兄师姐——就像你在提问中说到的，毕业后不是考研，就是考编，出路也很窄很窄。像你一样，我也会遇到很多他人不解的嘲笑："你转文科干吗啊？""你学的这些东西，将来有啥用？"

于是，我对未来很焦虑、很绝望，这种焦虑和绝望的情绪传染到我平素的言行举止中，对我的性格的影响是毁灭性的（我觉得大部分正常女性应该都喜欢自信、有担当的男人，没人会喜欢三天两头问"我养不起你咋办"的焦虑狂）。如此三弄两弄，就把我的恋情搅黄了，然后就是一个大学生失恋之后的那些常规戏码：以头抢地、黯然神伤、酩酊大醉、形容枯槁、长期颓废、怀疑人生……

但今天，当我坐在电脑桌前，穿着睡袍、泡上一杯咖啡，哼着小曲、敲着键盘跟你回忆这些事时，我突然觉得当初的我是幼稚可笑的，为一个杞人忧天的理由错失了自己的一段精彩人生：是的，大学之后，我其实很顺利地找到了一份还算满意的工作。

而如今的我，在微信公众号上写写稿子，收入虽然说不上特别丰润，但养家糊口好歹还是没有问题的，并不会与我大学时代很多"好专业"的理科朋友拉开"霄壤之别"的差距。更重要的是，我觉得我现在这份工作是最有意义的，最能让我感觉到人生的价值的。

有一天，我跟一位出版社的编辑朋友交谈，她说：小西，你加油，中国现在特别缺好的人文素养普及类书籍，你用心写就行，将来一定是不愁卖的。

当然，我知道她这样说有客套的成分，但她传达的意思显然是明确的：当今时代，我们其实急需真正的文科生——好的文科生。那么，我能有今天这番际遇和随之而来的思想转变，是不是运气或者（有点不谦虚地说）个人努力使然呢？我用心思考了一下，觉得可能有这些因素的影响，但绝对不是关键。

我自感最为"关山难越，谁悲失路之人"的一年是2012年，那会儿微信公众号已经悄然上线。在微信公众号这个东西出现之前，我们那批大学同学压根儿想不到，文科生能靠自己写写文章，就获得读者的青睐、打赏，并以此维持生计。因为在此之前，若想"吃笔杆子饭"，你就只能去报社等传统媒体，或者青灯古卷地写个大部头，期待能被出版社看上，出书挣点版税。微信公众号的出现，流量打赏模式的成形，让大批能够熟练进行文字表达的文科知识分子，第一次在经济上开始"直立行走"。随后那几年，在鲶鱼效应的搅动下，各个平台都开始争抢优质作者，"文科生"里出了一批像六神磊磊、言九林这样的大V。你知道现在这些顶级"文科生"们有多么名利双收么？在这个圈子里，只要你肚子里有货，笔下能流畅地表达，就真的能够养活自己，而且过得还很不错。甚至，即便你没有那么大的才华也没有关系——你知道现在中国有多少顶流大V有他们自己的工作室吗？你知道这些大V非常需要一些靠谱的文字或知识助理吗？这是个很抢手的职业。就连我，一个刚写了微信公众号一年的人，也常常感觉自己的精力不够用，等到经济和时间允许了，我也想招一个好的助理来帮帮我。

那些大公司、大企业，对文案功底扎实、口头表达能力强的人才的需求其实同样巨大。互联网革命是一场交流的革命，会交流者在其中一定最有饭吃。而这场革命迟早会把所有人都卷进来，只要你有相关的才能，你就能得到一份精彩而不辜负你的工作。这是比"个人奋斗"更重要的历史大势。所以，你知道我现在最后悔的是什么吗？是我当初为什么要那么焦虑、迷茫、痛不欲生；是我没有将更多的时间用来学习知识；是我毕业后为什么贪图安逸，选择了一份"有编""有体制"的工作把自己"养起来"。如果我当年在大学时能再多读一点书，在毕业后能早一点"入局"，没有错过微信的几个风口期，那么我能做到的也许会比现在好很多。换句话说，我真正应该后悔的，不是当年"弃理从文"这条路，而是既然选了这条路，为什么没有更加坚定、更加勤奋地走下去，为什么要在焦虑、犹疑和他人的嘲笑中浪费了太多时间，为什么没有练一身更好的本领。这是我的教训，希望你能吸取。停止无用的焦虑，别管那些嘲笑，好好学习，因为你不知道机遇什么时候会来敲门。

当我们不再被"文科生"这顶帽子压得抬不起头来，抬头看清历史大势后，你会发现，即便从整个人类历史发展看，文科和理科到底哪一个更"吃香"，也并非一成不变的，而是"三十年河东，三十年河西"的。

德国史学家卡尔·雅斯贝尔斯曾在他的《历史的起源与目标》中提到过一个有趣的现象：在公元前800至公元前200年之间，尤其是公元前600至公元前300年之间，在亚欧大陆北纬25度至35度区间所发生的人类文明的重大突破被称为"轴心时代"。那一时期，在古希腊有苏格拉底、柏拉图、亚里士多德；在以色列有犹太教的先知们；在古印度有释迦牟尼；在古代中国有孔子、老子……他们提出的思想原则塑造了不同的文化传统，并一直影响着人类的生活。那么，究竟是什么因素让亚欧大陆各地不约而同地进入"轴心时代"呢？历史学者们研究了半天，目前得到的最令人信服的答案居然是——技术停滞。

人类文明从距今一万年前的新仙女木期开始爆发，到公元前一千年左右为止，劳动效率一直是在不断提高的。在不到一万年的时间里，人类学会了耕种、驯化各种家畜、过定居生活，建立城市、开展贸易。科技从新石器时代一路狂奔，发展到了晚青铜器时代。但到了公元前一千年左右，亚欧各主要文明都遇到了一个坎，那就是青铜时代与铁器时代之间的鸿沟。

其实在很多文明当中，铁器最早的出现时间比青铜器晚不了多少，但炼铁这门技术对人类来说真的是"易学难精"。炼钢所需要的高炉、焦炭、渗碳、热处理、冷处理等工艺都特别精深而复杂。相比于青铜的低垂之果，人类爬铁器这棵"科技树"，一直爬了两千多年，甚至直到工业时代，炼钢还是技术前沿。一直到最近几十年，炼钢才成了所谓的"落后产能"。但你想象一下一千年前的青铜器时代的人类，这玩意儿他们是玩不转的，想要跨过这个技术门槛，你必须形成规模更庞大的协作组织，并准备一系列的技术和社会前提。而在具备这个条件之前，人类只能被卡在门槛上。那怎么办呢？只能"内卷"呗。所以，在那一千年里，你会发现亚欧大陆各地都是乱世，中国有春秋战国，印度是列国时代，古希腊是斯巴达与雅典的修昔底德陷阱，总之各文明内部都在打架。

但这种技术的停顿与社会的普遍焦虑，反而催生了"轴心时代"。因为在技术的停顿期，个体、群体之间互相比拼的，就不再是"我有某项技术，你没有，所以我可以碾压你"，而是一些别的东西——你的社会组织度如何、你文明的向心力怎样、你的思想能否影响和说服更多的人跟从你。这些东西是什么？说白了，就是今天我们所谓的"文科"。从这个角度讲，你会发现无论是中国春秋战国时代的百家争鸣，还是同时期希腊的思想爆发，底层逻辑都是一样的。

科技和人文是人类的两条腿，当技术的那条腿独自前行不动时，就轮到人文的那条腿开迈了。其实直到近代，这个规律也是一样的：从人文上的文艺复兴，到科技上的地理大发现、火药革命，再到人文上的思想启蒙，再到科技上的工业革命。科技和人文的交替爆发和演进是不可偏废的。而很多中国人总会忽略这个问题——孔子之后，因为技术进步带来的效用不明显，我们曾长期"重文轻理",到了鸦片战争,被西方洋枪洋炮教育了以后,又转而"重理轻文"。

19世纪末,中日两国一起向西方派留学生,中国人去了只学造船、造炮、造火车,日本留学生却同时也学哲学、社会学、政治学、法律甚至文学,德国首相俾斯麦见了这种情况之后,就预言"日本渐强,中国渐弱"。后来,俾斯麦这个预言果然应验了。一个文明,理科缺课当然不行,文科缺课问题其实更加严重。

2021年,日本在万元大钞上换下福泽谕吉,换上涩泽荣一,请注意,这两位可都是文科生。但之后我们非但没有重新重视和尊重文科教育,反而越发在重理轻文的道路上一路狂奔。这个现象是由两方面造成的。一方面,19世纪工业革命以来欧洲掀起的技术革新浪潮,所开启的的确是一个"理工时代"。而另一方面,中国在这个浪潮的前期,理科的确"缺课"非常严重。尤其是改革开放以后一段时间内,基本到了但凡引进点西方新技术就能带动发展的地步。如此,内外的大势就共同造就了理工科比文科吃香的局面。但这个局面,不是没有终结之日的,眼下,从内部看来,改革开放这么多年了,中国对西方的科技追赶,其实已经逐渐接近尾声了。而从世界大势上看,我们未来所面临的可能也是一个技术的"大停滞"。

所以，当今的世界，其实有点像"轴心时代"来临之前的世界——人类科技这条腿迈得已经差不多了，可能又要轮到人文这条腿开始迈动了。所以，文科在未来的时代是有前途的，我敢肯定，中国目前学文的人，不是太多，而是太少了。未来国家会为有基本人文素养和训练的人太过稀少而发愁。

可我也要提醒你，虽然文科生在未来有前途，但你是不是一个合格的文科生呢？这是另一个问题。作为一个理转文的人，我的感觉是：真正的"文科思维"其实是一种比"理科思维"更难学的存在。如果说理科思考的是怎样理解物、改造物、利用物，那么文科所思考的就是人应该怎样理解人、打动人、影响人。人比物复杂，所以文科比理科更复杂。

你在提问中说自己大学四年好像没从文科中学到什么，你的这种困境我是能体会到的——从你的来信里。你一定已经注意到了，我在文前列的那个问题并不是你发给我的那个提问。

其实你的提问原文是这样的：

> 西老师，你怎么看待普通本科学校的文科生？文科

的招生人数是不是过于多了？我今年大四，自己和身边人乃至整个文化传媒学院的学生多数都在准备考研和考编。

我自己是文学类考研，第二轮还没背完，喜提合租理科女生"你们不就是背书吗"和"就靠资料的阐述，又没有创新性见解也能拿够分"的质疑。想到自己也确实分析不出来什么特别的，纯属为了学历和同赛道差不多的人竞争，考不上就去卷下一届，考上了就开始努力生产学术垃圾，觉得很没意思。

老实说，看完这个问题之后，我有点晕。因为你的文章不仅分段不合理，而且叙述还有点乱。请对比一下你自己的这个提问和我帮你改过之后的提问。你会发现两者传达的信息几乎没有改变，但逻辑结构是完全不一样的：你的提问，是先抛出了问题，然后做了一句自我介绍，而后又说了说大趋势，而后又插叙了一段"理科女生"对你的质疑和你的反思，最后又回到自己的切身体会和苦恼上。虽然整个提问只有短短几句话，但读后给我的感觉是非常"意识流"的，想到什么说什么，造成的结果则是陈述不够清楚，问题则显得突兀而不够有力。

你看，更好的提问方式是否是这样的呢？你应该先做个自我介绍，而后由小及大，先说你对身边人的见闻，再说对整个学院的观察，再基于这种观察得到一种"趋势"，最终基于这种趋势提出那个问题：我想知道文科生出路何在？这样一步步地说，就会给读者一种"代入感"，能跟着你的思维走，最后走到你提的那个问题上。同样的信息，差不多的字数，给人的印象会更深刻，问题也更有力——就像我给你改的那样。是的，无论行文还是说话，都要讲究逻辑感。因为逻辑感是让他人理解你并进而影响他们、打动他们的前提。对于一个以研究人为业的文科生来说，这是基本功。大学四年你别的都可以不学，但这种思维与表达应该学会，并内化为自己的一种习惯，甚至是本能。

当然，我知道，你没有学会这种本事，问题不在你身上。中国大多数高校文科教育之所以失败，就是因为老师和学校几乎从不有意提示我们应该培养这种素养。很多人即便大学毕业，思考也依然无逻辑，表达无逻辑，甚至毫无逻辑地活着。就像我在某篇文章中提过的，很多中国人说话都缺乏基本的条理，说上三句话逻辑就一定散架了。而你的表达，相比他们来说，已经好很多了。

但这种现实，恰恰是"文科生"们的机会所在。你看，只要你的表达更讲逻辑，更有条理，你就会成为这个社会的稀缺品，如果你再能加上一点文采和专业知识储备，那你简直就是鹤立鸡群的稀缺人才了。将来无论是去公司、工作室帮他人打工，还是自己创业，还愁没有一个好的前途吗？于是我们又回到了我第一段给你分享的那个教训上：你唯一应该焦虑的，不是选了文科这条路，而是既然选了这条路，为什么没有更坚定、更勤奋地走下去，练一身更好的本领。那么，你现在应该怎么办呢？如果你还只是大一大二或更小，我可能会给你开一份大书单，慢慢培养更好的表达，更有逻辑的思维。但考虑到你已经大四，又选择了考研这条路，我建议你可以先别想那么多，先把考研的笔试面试都过了，等到考上了研究生，再着重培养自己的文科思维也不迟——这次只有三年，掐头去尾其实就一年时间，一定要抓紧。当然，如果你考研顺利，闲暇之余我推荐你看三本书，先预热一下。第一本是麦克伦尼教授的《简单的逻辑学》。书如其名，该书用最简洁的语言说了三个问题：逻辑是什么？怎么用逻辑思考？怎么用逻辑来表达？

第二本是亨利·马丁·罗伯特的《罗伯特议事规则》。如前所述，文科其实就是"人学"，在用逻辑厘清了你的思维后，你可以看看该书所探讨的：人和人之间该怎么样理性地讨论问题？

人群之间的规则应该如何制定？这对你进一步的发展有好处。

第三本是福原正大的《未来在等待的人才——哈佛、牛津的五堂思维训练课》。你的提问中，其实隐藏了一个"未来需要什么样的人才"的问题，而这本书虽然没有给出一个明确的解答，但至少会帮你把这个问题提出来，并理顺你的相关思路，启发你的进一步思考。

最后，我想谈一点自己的感触，读书、上大学，尤其是学文科，最大的收获是什么？其实就是让你能把思维理顺，"活明白"，当然还有些人不经过这番训练，也有"逻辑力"，也能"活明白"。但人生中，能活明白的人和糊涂蛋之间的博弈，一定宛如一场明眼人与瞎子的搏斗。

所以，请放宽心。如果你还没选专业的话，我当然是支持你学理，但即便你已经学了文，这其实也是一件好事，每一个方向、专业都有它的精髓，区别仅仅在于，你能否真正学明白它。

# 为啥您儿子不能像爱游戏那样爱学习

一位家长(应该是一位母亲)给我留了言。

提问很长、很具体,所以请恕我冒昧,全文引用如下:

小西:

你好!

我家有个开学要上初三的儿子,他很喜欢读你的文章,历史、文学、哲学都有兴趣仔细阅读!看到一些影响比较大的时事新闻也会问,小西今晚会发相关的内容吗?

我的儿子却对学校的学习很怠惰。

马上初三了,就要面临升学,但是他对学习却提不起精神。他对自己未来要什么一点都没有具体的目标和计划。

他每天最喜欢做的就是逛逛知乎，看看小说，打打游戏。他就不想付出努力，因为学习不仅仅是兴趣还意味着刻苦与付出。他就想轻轻松松过日子，稍微有一点困难就放弃。

他英文很好，编程也让老师赞叹非常有天赋。就是这样，他也不肯花时间，能对付就对付了。

最不好的习惯，就是嘴巴上答应要做到的事情，真做起来，如果他觉得烦，就不肯兑现承诺！

小西，能写一篇文章，谈谈怎么让青春期的孩子正确树立起人生的目标吗？真害怕这孩子长成空心人！

谢谢小西！

我的回答如下。

这位妈妈（听语气冒昧揣测您是位母亲）：

您好！

看了您的提问我很感动，我还没有那个幸运能做父母，但正如我在评价我父亲的文章里提到的，可怜天下父母心，这种感情最让我受触动,您的提问中呈现的那种对儿子满满的关爱,让我读之特别动容。

您说您的儿子也赏光爱读我的文章,很荣幸。

我希望这位同学——如果您读到我这篇文字的话——也能感受到您母亲的这种关爱。我比您年长一些,所以"倚老卖老"地说,虽然她的有些关心可能让您现在感觉不咋舒服,可等您年纪再长几岁,经历社会毒打,就会知道这样的关爱是多么宝贵,愿您珍视,也愿您耐心看完此文,因为会比较长。

转过头来跟这位母亲说,很有意思,您对您儿子的描述,让我莫名地想起了《史记》中对项羽少年时的那段描写:

据司马迁说,项羽年少的时候很不爱学习。学书,不成;学剑,又不成。他的家长、叔叔项梁就发飙了:你这娃怎么这样呢?学啥啥不成,空耗青春……反正就是跟您对儿子的评价一模一样。

那项羽怎么说呢?"书,足以记名姓而已。剑,一人敌,不足学,愿学万人敌。"

这个牛吹得项梁很高兴,小子看来有大志向啊,有人生目标啊。于是，项梁便教他能"万人敌"的兵法。

请注意，司马迁如果写到这里就打住，这就是一个很好的励志故事——项羽幼时就有宏图远志，要学就学万人敌，你看看你看看，果然是自古英雄出少年啊！人生有远大理想就是好。

但要不怎么说史学家讨人嫌呢，司马迁非要在后面又写了一笔："于是项梁乃教籍兵法，籍大喜，略知其意，又不肯竟学。"

写到这个地方，少年项羽的人物属性就立起来了，他是个什么人呢？和您描述中的您的儿子一样：有天赋，有才能，但学啥都不肯花时间，能对付就对付了（书足以记名姓而已），最最不好的习惯，就是嘴巴上答应要做到的事情，真做起来，也就那样（明明自言要学"万人敌"，真学起来也只是"略知其意，又不肯竟学"）。

所以足见，年轻人都是相似的，青春期嘛，谁没过过，贪玩厌学，大家都一样。

可是为什么会如此呢？为什么我们会喜欢玩耍、讨厌学习呢？其中的心理其实很耐琢磨。

您提到您的儿子爱玩Minecraft（中文名叫《我的世界》），很巧,这个游戏我也爱玩。我不知您有没有站在您儿子身后看他玩过这个游戏,如果有过,您是否曾觉得很奇怪:这个"小破游戏"有什么好玩的呢?

画面特别粗糙,就是一堆马赛克不说,也谈不上什么游戏性:它压根就没有故事,就是把一个马赛克小人放到一个马赛克世界里,从无到有砍树、挖矿、搬砖、造工具、盖房子、生火、打猎、种田、维持生存……

总之,这个游戏就是对现实世界的模仿,而且还模仿得特别拙劣,全是马赛克方块,毫无美感。

这可就太神奇了,既然你这么喜欢砍树、挖矿、搬砖,那你就在现实世界里砍树、挖矿、搬砖好了,既不费电,图像分辨率还高,还能挣几个钱补贴家用,对吧?

同样是搬砖,现实里它咋就不香了?

可事实就是,现实中是很少有人沉迷于搬砖工作无法自拔的,即便老板发工钱。你还要抱怨"人生活得怎么这么艰难""'996'迫害了我的生命"等,可一到游戏里,会有一堆人沉迷于此无法自拔,把数百个小时的时间耗费在这种"虚拟搬砖"当中。

区别究竟在哪里呢？

区别其实只在于，游戏中的奖励回馈比现实中快得多。

你看现实中的搬砖生活，回馈是很慢的，你得累死累活干一个月，老板才能发你工钱（在不拖欠的情况下），而且拿到钱，你把它花出去买辣条以后，才能得到真正的满足。如果你在攒钱买房，或者还房贷，那对不起，这点满足你也得不到。

学习则更惨，您儿子现在是准初三，他得再学一年才考高中，高中再上三年考大学，大学再上四年考研究生……总之要花上无数时间、心血，最终才能在这条漫无止境的赛道终点得到一点甜头。

可是，游戏当中则不然。在《我的世界》里，虽然确实是对现实世界的模仿，但游戏设计者把回报的速度大大地调快了：砍两下树就能搭个木屋，敲两下石头就能盖个石屋，短短几个小时内，会玩的人可以在一无所有的荒地上凭空建起一座大厦，把文明从原始时代演进到机械时代。那种迅速、即时、显著的成就感，会让人沉迷其中、无法自拔。

所以，游戏里的搬砖，跟现实里的搬砖完全是两个味道。

是的，大多数人对游戏和工作、学习迥然相异的态度，证明了这样一个事实：我们不是讨厌工作，而是讨厌工作带来的收益太少、太迟；我们不是厌烦学习，而是厌烦学习的回报来得太慢，太不可见。

您说您儿子学习不刻苦、不努力、没长性，他打游戏时就很刻苦、很努力、很有长性啊，为什么呢？就因为学习的回报是不确定、虚无缥缈、让他感觉远到看不见的。相比之下，游戏给予的回报是稳定、实在、近在眼前的。

请您设想一下，在远古时代，一个原始人所面临的环境，可不就是和《我的世界》极为相似，是一个需要立刻获得即时回报的世界吗？我们的大脑就是基于这种环境进化出来的，所以它待在这样的环境里感觉最舒适、最上瘾，因为那真的是"我的世界"。

相比之下，现实世界则被人类文明扭曲得非常"反人性"，您儿子目前所处的教育体系尤甚，我手头有一本人大郑也夫教授的《吾国教育病理》，书中对此就有论述。

在该书中,郑教授就指出,中国目前的"教育军备竞赛",将学习变成了一件高成本、长投入、低回报的事情。

人类大脑是追求短回报的,但教育却要求孩子经历十几年甚至二十多年的学习生涯才能得到成果。

人类大脑是寻求新鲜刺激的,但教育却要求学生在有限的习题上反复演练,比拼熟练度。

人类大脑是需要被鼓励的,但教育中的考试本质就是将鼓励给少数优胜者,而把打击留给名落孙山的大多数……

这么违反我们本性的事情,却被安排在我们的童年、少年、青年时代去持续地做,能苦熬过这个过程却不厌学的人,那才是真的有点奇怪。

所以,您儿子的表现很正常,很符合天性,需要的只是您正确的引导。

解决之道是什么呢?

我觉得解决之道就在您最后提的那件事,怎样确立"目标"。

但这个"目标"不能太笼统、太长远,比如您说让我谈谈

"怎样让孩子树立起人生的目标",这我就做不到,您也没法让他现在就做。因为这太虚也太长太远了,这个世界上有几个人能在十几岁时就确立人生目标,并最终办到呢?我觉得很少。

问题在于,人生目标,这事比学生在学校里听老师教育"考个好高中""考个好大学"还远,我们的教育本身就把回报推得遥遥无期,一个更遥远、更虚无缥缈的"人生目标",对激发孩子的斗志是无意义的,可能只有反效果。

好的目标,首先必须有实在感。

你看项羽年轻时那么不爱学习,后来为啥当了西楚霸王呢?我觉得跟他叔项梁带他去了一次咸阳很有关系,一看到秦始皇的车驾,项羽的目标感伴随着野心立刻被激发出来了,"彼可取而代之"。此后,他的人生就一直朝着这个方向去努力。所以,眼见为实,这是很重要的。

具体到当代,我倒是建议您如果有条件,多让您儿子见识一下您想让他确立的目标的具象化的体现,用那些具象化的东西吸引他的兴趣。

比如,我对外语第一次有兴趣,其实是在出国之后;对物理、化学第一次有兴趣，是在家人给我看了一些有趣的实验之后；而对写文章、看人文书第一次有兴趣是在有喜欢的姑娘，需要给她写情书之后。

记得我妈当时还跟我说："想让人家喜欢你，学习你得学好啊，因为你又不会打篮球，耍不了帅。"

你看她这话今天听来就很"狡猾"，也很具象，一下子帮我确立了一个能达到、有回馈的具体目标：好好学习，追到校花。

这些目标的培养，共同特点就是要有具象化的"药引子"来激发。建议您也这样做。多让您儿子见识一下这个世界的美，激发他自我订立目标的雄心。

另一个要点，就是目标一定要"碎化"。

您如果研究游戏，就会发现大多数游戏都非常强调要将大目标分解，我们的说法叫"做任务"。游戏设计者一定会设计一个任务栏，把游戏的整体目标分解、碎化成一个一个小目标。新手要做什么任务，杀几只史莱姆[①]，得个什么小奖励，这是非常关键的。

---

① 史莱姆：一种在现代电子游戏与奇幻小说中常常出现的虚构生物。

假如一个游戏上来就只给玩家一把剑,用个画外音提示他"伟大的勇者啊,你的人生目标就是击败恶龙",然后啥小目标都不设计,迟迟不给玩家即时奖励,那玩家一定会把剑一丢,并且说:"这啥破游戏啊!不玩了!"

是的,将目标分解、碎化非常重要,小目标甚至比大目标还重要,千万不要把小目标定得太高太远,像"先赚他一个亿"之类,人家王大老板才敢这么提。

所以,相比人生目标,我觉得您可以跟您儿子探讨一下,像游戏一样,在现实的学习中,先制定一些容易达到的小目标,然后再像项梁一样,给他具象化的体验和激励,相信能达到很好的效果。

结尾我跟您分享一个故事,这是我最近读某名人传记刚看到的。

有位大人物,年轻的时候借了朋友的一本《世界英雄豪杰传》来看,还书的时候两人就探讨开了。他那朋友感叹说,你看华盛顿、拿破仑、彼得大帝,这些"世界英豪"多伟大啊,咱中国现在就缺这样的人物,所以我们要立志成为这样的人。

这位大人物听后部分同意了朋友的观点,但提示说:其实也不尽然,你看华盛顿年轻时勤恳地在英军中服役,并没有想到后来要领导美国革命啊;拿破仑,在法国皇家军校学习,勤学炮兵,也没有想到自己后来能成皇帝;彼得大帝,上台之后先乔装去荷兰学造船,而后才变革了俄罗斯。凡举这些世界英豪,都是先把实在的小事做好,在做事中一点点找到"天将降"其的"大任"的。

后来呢?后来这位大人物建立了与那些英豪相类似的宏图大业。而他那位朋友也还不错,至少我读的这本传记就是他为他的这位老友写的,他后来的主要功绩就是给这位成功的老友写传记。

是的,小目标比大目标重要,实在的短期目标比虚无缥缈的"人生目标"重要。因为前者能像游戏一样给参与者以"即时回馈",让他们的学习、工作越做越有劲,找到真正可行的人生目标。

所以,请像玩游戏一样定目标,把这场人生游戏玩得精彩些。

这就是我应您要求,为您和您儿子做出的回答,愿您满意。我谈不了怎样树立人生目标,只祝您的儿子尽快找到属于他的"小目标"。

# 阅读和写作，都是修行

我的空闲时间，几乎都用来读书、写稿，但也有一些社交，而时间在社交上总是最不经花的，与亲友多聊两句，一天就过去了，重坐回电脑桌前，往往就丧失了灵感，写不出让自己满意的好文字，这样的时候我脑子里有再好的题目也会选择停更。

有朋友问我，每天读书、写稿会不会很累。

在我看来，阅读和写作之于我的人生，其实都是一种记录和修行。

美国新任总统拜登在他的就职演讲中曾说，他很推崇天主教圣人圣奥古斯丁。

而这位圣奥古斯丁在写《忏悔录》时，记录过一段很有意思的故事：奥古斯丁青年时代一度非常迷茫，有一次在无花果树下，为各种事情纠结满腹，不知向谁诉说。

这个时候，他耳边突然听到了一个不知是男是女的童声：拿起来读吧！

于是他就拿起他手边的那本书，读了起来，从此踏上了他的成哲封圣之路。

在故事之外，我更相信他的改变是受了其母亲的影响。

知名圣徒在皈依教门时会遭遇"神启"，这在基督教传统中是一个常见的套路。而这些"神启"在不信者眼中大都是很匪夷所思的。

但在所有的神启故事中，我最喜欢圣奥古斯丁这一条。因为我觉得它说明了一个最朴素的道理：文字是有它的魔力的，所以阅读是一种修行。

哲学家维特根斯坦曾指出：思维的本质就是语词。

而我觉得，文字是语词最逻辑化的呈现，是一个人思维的试金石。

在日常生活中你会发现，一个人的口头表达，有时是不需要那么严密而有逻辑的。即便是你和人面对面交流时，也会有太多的外物干扰你对他所传达思想的判断，他的容貌、他的口气、你们所处的环境，等等。思维在这些杂音当中扭曲失真，你的思维是很难明晰、通彻的。

而一旦形成文字，当你阅读和写作时，人的思维就将被梳理，那是一种心无旁骛、宛若入定的状态。那种感受，是音频、视频等体验无法给你的。

所以，圣奥古斯丁说他在阅读中找到了神启，摒弃了自己的烦恼……这样的体验我相信是真实可信的。

由此我们也可以推知，不管技术如何进步，视频、音频怎样给普罗大众洗脑，阅读将永远保有一块自留地，留给那些真正爱智求真的人共享思维的乐趣。

也正是为了回馈那些寻找这份乐趣的朋友，我希望我自己的文字今后能打磨得更生动、睿智、醒脑而有趣，这是我争取每天都写点东西的原因。

所以，在未来的日子里，我们一起在这个嘈杂的时代，做好这份修行。

第六章

**历史和人性的深处**

# 第六部

# 技术的社会历史

## 去看看更大的世界

某天写了一篇关于《西游记》的稿子，稿子发出去后，有朋友跟我提意见，说：小西，写《西游记》的人太多，你写的有意思也难出彩，还是希望你把之前的《指环王》解码系列还有许诺的《哈利·波特》《冰与火之歌》《沙丘》《黑客帝国》《帝国三部曲》等系列给圆了。

这话我同意，说实话，虽然从几次试笔收到的效果看，解读四大名著或者武侠小说收到的反馈比外国小说好很多，但我总觉得写《指环王》《哈利·波特》《冰与火之歌》这些系列的解读与介绍，会对大家裨益更大一些。

这倒不是说这些国外作品的文学价值比我们国内的小说作品更高，而是我觉得一个人的思维想要健全、想要开阔，就必须全面地去了解这个世界，本国的文学、历史固然要学，别国的相关知识也不可偏废。这样你才能够对自己身处的这个世界有一个全面的、清晰的了解。

我记得我刚毕业那年，唐世平教授曾写过一篇文章，叫《少沉迷中国历史，多了解世界文明》，说的就是这个意思。唐教授当然不是要我们崇洋媚外，而是说在世界历史上，真正一流、能够为自己的国家、为自己的民族服好务的人才，都是具有世界眼光的。

我曾在一文中讲过俾斯麦的例子，讲了这个振兴德国的"铁血宰相"怎么对着留声机用四门语言惟妙惟肖地拟态了五个国家不同人群的情感，把来录音的爱迪生的手下都惊呆了——这个德国宰相居然是"精神法国人"，居然高唱《马赛曲》？

但仔细想想，你会发现，正是俾斯麦的世界眼光，对各国文化、历史都很熟悉，让他在决策时"知己知彼，百战不殆"，屡屡做出非常精准的预判，知道自己怎么做才是对国家最有利的。

相反，一个不屑于了解外部世界或者只愿意阴暗、片面地去理解外部世界的人，他对这个世界的认知一定是偏狭而错误的。

## 第六章 历史和人性的深处

一个智慧的民族一定首先是一个开放、包容的民族，唯有如此它才能孕育出一批有世界眼光的精英。像所有强盛一时的大国，俄罗斯在历史上的辉煌，也是由一批有世界眼光的精英青年支撑起来的。彼得大帝为了开眼看世界，自己跑到欧洲去做学徒工。到了叶卡捷琳娜大帝时代，她干脆强行要求自己身边的贵族们全部说法语，接受法式的贵族教育。

这种矫枉过正虽然造成了"洋派"的俄罗斯贵族与下层农奴之间的分裂加剧，但确实给俄罗斯在欧陆争雄中的无往不利打下了基础。

文学界的普希金、莱蒙托夫、契诃夫、陀思妥耶夫斯基、列夫·托尔斯泰；艺术界的柴可夫斯基、穆索尔斯基、高沙可夫、列宾、库茵芝；科学界的罗蒙诺索夫、切比雪夫、门捷列夫；军事界的苏沃洛夫、库图佐夫……俄罗斯的国运就是被这璀璨的群星撑起的，而这群明星，又恰恰是被这个民族开眼看世界的时代所照亮的。

所以，一个民族，尤其是这个民族正在成长的年轻一代，有没有正确的世界观，能不能用世界公民的眼光以公正、客观，甚至欣赏的态度去吸取其他文明的思想与优长，对这个民族的发展来说至关重要。

如果说有什么事情真的关乎一个国家、一个民族的命运，那就是这件事了。

所以，请让你自己和你的孩子多看看世界，在读四大名著、武侠小说、中国历史的同时，多读读外国名著，《指环王》、罗马史、欧洲史、世界历史。

这件事，于己于国，都有百利而无一害。

历史一再验证，没有一个强盛的国家，是靠一帮目光偏狭的"愤怒青年"建造的。欲建强国，必先有强民。而欲有强民，必先有通达之世界观。

我在微信公众号上写文章也有一年多了，经常有人问我：小西，你有没有个准主意啊？一会儿写罗马史，一会儿又写三国，一会儿又写时事，一会儿又写武侠，过两天又跳到《指环王》，再一会儿又写艺术史。

说得没错，我写得就是这样杂，因为我这个人的爱好就是这么广泛。无论是中国的孔子时代，还是罗马的西塞罗时代，古圣先贤们都是不会给自己的知识画界线的。知识这东西就像马斯克

## 第六章 历史和人性的深处

星链上的卫星一样,越多面越广,你对自己和别人的定位和判断也就越清晰。偏狭、立场先行的知识,其实就是一种无知——甚至可能还不如单纯的无知。

所以,我真心希望读我微信公众号的朋友,也能同我一起享受这份无边界的知识。接下来的岁月里,我会带您品读《西游记》等四大名著,但也会写写《哈利·波特》《冰与火之歌》《指环王》。我希望您都能喜欢——如果您非要更喜欢其中一种文章,我更希望是后者,因为我们对自身的历史、文学的解读已经很多,我们更缺的是对外部世界的了解。

相信以后我写得会更好,因为我的文字为带您一起解读这个精彩的世界而存在。

# 是谁让中国人如此迷恋考试

## 一

某一天,我写了"修仙小说"的规律,有读者留言说:小西,其实你对"修仙小说"的规律总结得不全面,很多此类小说还有一个共同特点——往往都有诸如"升仙大会""灵能测试"之类酷似高考的情节。

我想了想,好像是这样。但这就很奇怪,修仙小说的读者很大一部分是学生和年轻人,而我们都知道,在学生时代的现实生活中,大部分人都厌烦考试,尤其对高考最头痛。把这样一个给人压力山大的制度搬到虚幻世界中,这岂不是违背了网络爽文"看着爽"的第一原则?

想来想去,答案可能还是:我们在现实中痛恨的不是考试,而是那些我们考不好、不能把同学都比下去的考试。如果考试都能像修仙小说里那样，让主角一鸣惊人，从此扬名立万，那么中国的青少年们其实是不反感，甚至会非常热爱这种考试的。没有这种考试，我们这些普通人拿什么去跟家庭富裕的人竞争呢？

你看修仙小说里经常出现的桥段，就是主角在"升仙大会"上一鸣惊人后，获得了佳人芳心暗许、师长刮目相看，而把之前狗眼看人低的"富二代"气个够呛。想想真的很有趣，从《三剑客》到《圣斗士星矢》，无论西洋还是东洋的幻想故事里，主角挑战"高富帅"时，都是撸胳膊直接开干，最后用"青铜打败黄金"的方式完成自我证明。

唯独咱们，想出了"在考场上见真章"的神奇思路。是该说中国人比较含蓄，还是我们太热爱考试了呢？恐怕是后者，因为对考试的崇拜，不仅现代小说里有，你去翻翻《西厢记》《白蛇传》《窦娥冤》这些古代通俗故事，会发现当故事最后需要"机械降神"，强行来一个大团圆收尾，告慰观众时，无一例外都选择了让主角、主角她儿子或者主角她爹"科举得中"，当了个什么官回来主持公道。

就连高鹗续写《红楼梦》，想把这个故事由悲改喜，想到的方法也是让贾宝玉去考试。中国人对考试的痴迷、对其伟力的崇拜，从古至今，真的没变过。

基督教信耶稣，中国人信考试。这么坚定的信仰是怎么培养出来的呢？

二

司马迁的《史记》因为是纪传体小说，时代的片段被拆散在不同人物的传记当中。但如果你将同一时代不同人物的表态拼接起来，有时会发现一些惊人的真相。比如在秦末，刘邦和项羽这两位枭雄在见到秦始皇车驾后的表现就惊人的相似，刘邦说"大丈夫当如是"，项羽说"彼可取而代之"，如果再加上不久后陈胜起事时喊出的那句"王侯将相宁有种乎"，我们能得到一个惊人的结论——至少在司马迁的描述中，秦朝社会上至项羽这样的破落贵族，中至刘邦这样的二流子，下至陈胜这样的"瓮牖绳枢之徒"，所有男人都觉得当皇帝这个事儿没什么了不起，觉得条件合适了自己也可以上去过把瘾。

其中，又数陈胜的那句话最说明问题，他喊的不是"王侯将相无有种"，而是用了反问"宁有种乎"，这说明"王侯将相本无种"在当时已经是一个普遍被人们接受的概念，普及到不需要陈胜重新提出，跟听众振臂一呼，就能引发共鸣。这件事今天看来没什么，但如果结合当年的时代背景，你就会感觉特别奇幻——那可是公元前3世纪啊，中国的帝制才刚刚建立，怎么就有这么多人跃跃欲试地想要取代他们的皇帝呢？

我非常喜欢的通俗史作者张宏杰先生曾经在他的《坐天下》一书中深刻地指出过这个问题。他说：中国的农民起义，是世界历史上独一无二的现象。自秦始皇以来，每隔百十年，华夏大地上就会有一次农民起义来"沉重打击地主阶级的统治，调整生产关系，迫使后继王朝调整统治政策，推动历史前进"。那些大规模的农民起义我们耳熟能详：陈胜吴广、黄巾、瓦岗寨、梁山泊、李自成、洪秀全……除去这些大型起义之外，地区性、局部性的起义更是遍布中国历史的每一页。据学者们统计，仅清代近三百年间，散见于《清实录》的农民起义就在三百次以上，每年平均逾一次。然而，略略翻一翻世界史，我们就会惊奇地发现，"农民起义是历史前进的动力"这一规律似乎主要在中国有效，西方的农民起义为数甚少。西欧从公元8世纪起，史书上才出现对农民起义的记载，从那时起到16世纪，八百年间，几十个国家里数得上的农民起义总共不过七八次。西方没有一个王朝是被农民起义推翻的。张宏杰先生说，如果将起义等同于革命，光看这些数据，你很可能会认为中国农民是全世界最革命、最尚武、最关心政治的群体,但事实上,中国农民是最吃苦耐劳、最能忍受社会不公正的群体。

而且,相比于欧洲的农民起义,中国的农民起义往往会提出"恢复村社制度""农民有权按自己的法律来使用森林和水源"等切实的"革命诉求"。中国自古农民起义的主题,说到底,其实永远只有那句"王侯将相宁有种乎"——当今的皇上不行了,换我来吧!伏尸百万,血流漂杵的战争,搞到最后,也就是让江山换个姓而已,其他基本照旧。

为什么我们会对这样的游戏乐此不疲,自帝制时代起两千年而从未疲劳呢?因为它是中式帝制不可或缺的一种"补完[①]"。

## 三

什么样的社会制度是公平的呢?对于这个一直困扰人类社会的问题,其实有一个有趣的思想假设——假如一个社会的人类在出生前就有理性灵魂,大家在不知自己出生后会"投胎"到什么出身、得到什么能力的情况下讨论、投票,为自己设计出一个

---

[①] 补完:意思为补全,补之使完整。

## 第六章 历史和人性的深处

社会来投胎，这个社会会是怎样的呢？这个社会首先不能贫富差距太悬殊，不然所有人都会担心自己投胎到穷人家没活路，但也不应该太平均，因为大家又都担心万一自己投胎运气好，成为"强者"，一个绝对平均的社会岂不是让自己亏了？所以，最终博弈的结果一般会是一个贫富有差距，但又不那么大，各个阶层能各安其位的体系。这很接近于18世纪欧洲启蒙时代思想家们所设想的"完美社会"。

但有时我会想，除了这种所谓的"完美社会"，还有另一种社会也许能完成这种"灵魂投票"——如果参与投票的灵魂们风险偏好比较高的话，他们可能会选择一个上层过得极爽而底层活得极惨的模式，但同时要至少在名义上取消掉对阶层跃迁的"身份限制"，即给每个底层人以渺茫的希望，许诺他们有一定概率能咸鱼翻身、鲤鱼跃龙门而上去爽一把。这样，底层就能抱着那微渺的翻盘希望甘于过卑微的生活，而社会整体则是可以维持稳定的。这样的社会，就是中国秦以后延续两千年的帝制王朝。在先秦以前，中国社会资源分配与欧洲中古时代类似，无论天子、诸侯、卿、大夫还是士，都没有绝对垄断社会资源，即所谓的"利出多孔"。孔子讲"君君臣臣父父子子"，要上下各安其位，在那个时代是有空间的。但法家要求君主的极端集权，将中下层精英视为"五蠹"来消灭，又教会皇帝必须"利出一孔"，垄断社会资源分配的权力。

这就让整个社会的中下层都焦躁了起来，大量想要"立世出身"却又苦无门路的人满腔雄性荷尔蒙无处发泄，于是纷纷做起了"王侯将相宁有种乎"的皇帝梦。因为若非"取而代之"，他们实在不知道还能如何在这个已经被皇上管得死死的世界中"逆天改命"。

是的，从某种意义上说，自秦朝帝制在中国确立的那一刻起，"皇帝轮流做，明年到我家"的皇帝梦，就成了发给所有中国男人的"命运彩票"。就仿佛我们所处的时代越没有致富希望的人越希望靠买彩票中奖一样，权力越是集中、阶层越是分化的时代，就越是有人铤而走险，愿意押上身家性命去买这个高风险高回报的彩票。而这个博彩游戏，在中国一玩就是两千年。中间无数场血腥的屠戮，无非赌局的一次次换庄。

## 四

而这种游戏玩多了以后，总会有聪明人想到改良的方法，而这个方法，就是考试。

中国最著名的考试制度——科举，起源于隋朝，但真正开始走向完善是在唐初。十分明白自己要干什么的唐太宗在设计这项制度之初就把这事儿做得十分"体面"，后世精明的皇帝不断累加。状元郎在得中的那一天可以享受类似天子的待遇，骑马游街，走平素天子才能走的御道，风光无限。而在风光之后，皇帝真的会拿出皇权的一小部分，有限地跟这些幸运儿去分享，让他们走上仕途，封官进爵。"十年寒窗无人问，一朝成名天下知。"那种穷人乍富的幸福感，真的与造反当皇帝神似。而这条道路虽然收益远较造反小，却免去了掉脑袋的风险，于是吸引了大多数的中下层精英，一辈子皓首穷经想靠科举"改命"。但一番账算下来，真正最得利的还是皇上。所以，后人说："太宗皇帝真长策，赚得英雄尽白头。"唐太宗也很诚实，"天下英雄，尽入我彀中"，彀是什么，是圈套。

原来中国人最痴迷的考试，在最开始只是皇上给"英雄"下的一个套。

是的，中国版的考试（科举），从诞生之初起，最根本的目的就不是进行人才选拔，而是试图给已经"江湖潜沸"的社会减压。用不流血的方式完成对社会资源分配的微调。是的，中式考试，从来不是单纯的人才选拔，而是一种"去毒"版的造反，一场中国式的"光荣革命"。但这个设计虽然经过了千年的不断调整,却从未完美过。因为"英雄"们不是傻子,他们愿意"上套",仅仅是因为风险与预期回报比还可以接受。一旦社会出现阶层固化、增长停滞甚至衰退,皇帝拿不出足够多的利益来作为诱饵,"英雄"们就不再被考试所套牢,天下立刻无缝转入"江湖潜沸"的状态。唐末的农民起义领袖黄巢,就是个特别好的例子。很多人中学的时候都学过这位屡试不第的"起义领袖"的诗:"飒飒西风满院栽,蕊寒香冷蝶难来。他年我若为青帝,报与桃花一处开。"按照中学课本的说法,这诗据说反映了什么感叹命运不公、同情劳苦大众、立志重建社会公平正义的理想。但实际上,我们今天看到的那个流行版只是节选,这诗还有前两句,"堪与百花为总首,自然天赐赭黄衣",把它们加上,全诗的感觉就完全变了。你会看到,参加科举的黄巢并非在咏叹世道的不公,而只是在咏叹自己的不得,他要当"百花总首",要穿"赭黄衣"。这样野心勃勃的逆天改命的理想,唐末那个自身难保的朝廷当然无法通过科举满足他,于是黄巢起兵造反成了一种必然。黄巢攻陷长安,同时代的诗人韦庄说:"家家流血如泉沸,处处冤声声动地。"老百姓"烟中大叫犹求救,梁上悬尸已作灰",当时全球最大的城市长安经此一劫一蹶不振,此后再没有成为过中国的经济、文化或政治中心。

很难想象这样的情形，居然是一个几年前还在这座城市中考进士的读书人做出来的。但也可以猜想，正是这一次又一次的屡试不第，积攒了黄巢的怨气，让他一点点产生了毁灭这个花花世界的恶念。那是一个考试失败者对"辜负"他的社会最疯狂的报复。"待到秋来九月八，我花开后百花杀。"文学修养还不错的黄巢，当然不会做什么"土猪拱白菜"的粗俗比喻，但在考试失败后，对社会不公的那种愤恨，掺杂在早已萌动的雄心之中，酝酿出的那种肃杀之气，却让人感到更加不寒而栗。

考试是中国社会的减压阀，但也成为我们这个社会的潘多拉，它承载了太多本不应当用一张试卷承载的希望、梦想甚至戾气。而难办的是，当压力超过一定极限，我们还无法让它骤然减压，就像你不敢去开一个已经承压到极限的压力锅一样。

## 五

在一个最为良性的社会中，社会资源的分配其实应该"利出多孔"，每个阶层、每种职业都应该可以拥有自足的生活，这样这个社会中就不会产生那么多每天想着"逆天改命"的"有志者"，这是根本的解决之道。

如果社会资源必须"利出一孔",那么靠近这个"孔"的个体就一定会分得比其他个体多得多的利益,人群就会像蜂群一样聚集,在通往抢占资源分配优势节点的道路上"千军万马抢过独木桥",拥挤和争抢就将是必然的。解决拥挤的方式如果不靠考试,就只能靠金钱、裙带关系甚至暴力。

相比之下,一场统一、公平的考试就成了最不坏的选择。但随着社会增长趋缓甚至陷入停滞,争抢资源的人越来越多,考试这个减压阀就会失灵。早晚有一天,任你满腹诗书,也未必科举得中,任你是"小镇做题家"、名牌大学生也不敢保证一定能走上"人生巅峰"。如今,我们将这样的时代称呼为"内卷"。在这种时代里,有人选择"躺平",有人则像黄巢当年一样咬牙切齿。空气中充满了诡异而焦躁的气氛,这种气氛让人担忧。所以,在考试还有效的时代,我们未必是幸福的,但如果连考试都失效,我们则一定是不幸的。基于此,我当然希望考试能继续有效下去,一场公平的考试,是当下中国人最不坏的那个选择。

愿所有考生都能考出一个他们理想中的好成绩,也愿他们的好成绩都能"购买"到一个让其满意的锦绣前程,更愿依靠考试分配社会资源的机制,能持续更长的时间。

第六章 历史和人性的深处

# "从良"做点正经生意,咋就这么难呢

一

在《水浒传》的108将中,若说有哪一个人的命运最耐人寻味,我觉得应该是"浪里白条(跳)"张顺。

首先从出身上讲,其他"梁山好汉"要么原本就在贼窝里混(如朱武、王英),要么是在正常体制内因为际遇而成为边缘人(如林冲、宋江),要么原本吃着火锅唱着歌,突然就被麻匪给劫了,被迫沦为同伙(如卢俊义、朱仝、秦明、扈三娘),总之,他们上梁山,都是在日子越混越差的时候。

唯独张顺好像不太一样。

他原本也跟他哥哥张横一起,干的是冒充艄公,把人骗到江心，杀人劫财的罪恶勾当。

可是与甘于此道的哥哥张横不同，张顺知道这样"终非长久之计"，他主动跑到了江州城改做正经生意，当了"卖鱼牙子"。

用今天的话说，张顺这是当上了江州渔业联合会的会长，老百姓见了他，不会再骂他一句"天杀的草寇"，而会改叫一声"张总"了。

别人落草以后，都是被动地乞求朝廷大赦或者招安，唯独这个张顺，走的是一条不等不靠，自己经商来自我救赎的"上升之路"。翻遍整本《水浒传》，你会发现这也是独一份的事情。

《水浒传》的好汉中，很多人喜欢共情林冲。但其实相比于林冲，我觉得张顺更像我们现代的普通人。我们没有林冲那样的编制，不是"八十万禁军教头"，甚至可能原本也出身草莽，经历过惨烈的内卷与厮杀。但只要日子能稍给我们喘息，我们就希望做对得起自己的良心又能长久维生的"正经营生"——哪怕摆个地摊、卖个鱼呢？

所以，我们的心中是有安居乐业的志向的，我们的人生是不断"正增长"的。

## 第六章 历史和人性的深处

可是《水浒传》的高明之处就在于,它向你论证了"百样人"最终都会被卷入那个黑暗逻辑当中去。

你看,这样一个人生逐渐向好的"有志青年"张顺,最终还是遇到了他命中的天煞孤星——狱卒李逵。

那一天,身为"鱼头"的他得到手下来报,说有个黑厮在浔阳江边打砸渔市,恶意扰乱市场秩序。张顺赶到现场一看,发现闹事的那个家伙不仅蛮不讲理、有膀子力气,居然还是个官府"在编人员"——李逵当时在江州大牢里当一个小牢子,与江州两院押牢节级戴院长相熟。

用今天的话说,这就叫背后有保护伞的黑恶势力。

遇上这么一个家伙耍刁,你说张顺他能怎么办?

如果他不替底下人出头、主持公道,他这个"鱼头"的位置也就保不住了。

可若他真敢教训李逵——官府的人你都敢惹?那在江州城你还想不想混了?

这是一个怎么答都是错的问题。

225

所以，当张顺把李逵拖到水里，靠着自己熟识水性狠命教训这黑厮的那一刻，他应该知道，他人生的"正增长"也就这么终结了，自己又被那无常的命运拖下水了——此番若是把这黑厮淹死，他就是打死镇关西的鲁达、砍了牛二的杨志的翻版，要"吃官司"。可若不淹死他，与这么个有编制、有背景、有后台的家伙结了仇，日后他的生意也是不能做了。

当然，小说在这里出其不意的安排是，突然又杀出了另一个更黑的"黑厮"，靠自己江湖大哥的地位协调、摆平了此事。

可是这同时也就意味着张顺欠了一个更黑的老大更大的一份人情。日后劫法场、上梁山、受招安、打方腊，以至最后"魂归涌金门"，都是他那天"受恩"于"公明哥哥"的代价。

可是仔细想想，在张顺经历的这场人生上升曲线的突变中，宋江有何恩于他呢？这档子破事本来就是宋大哥的亲信小弟挑起的！当他在涌金门被踏弩硬弓、苦竹枪打得万箭穿心的时候，我不知他有没有怀念当年在浔阳江头卖鱼的快活日子——不拼爹、不杀人，靠正经做生意安安生生地奔自己的好日子，这多好啊！他的人生，凭啥就不能享受这种越过越好的幸福呢？

会水的张顺，最后还是没能逃出他人生中那注定的黑色旋涡。

《水浒传》的那个世界里，为何竟容不下这样一个想维持人生"正增长"的张顺？

这个疑问，一直埋在我的潜意识里，直到最近我读了张笑宇先生的新作《商贸与文明》后，才把它解决。

## 二

张笑宇先生在书中也提到了李逵和张顺打的这一架，可是他的分析是更加精妙的。

他说，李逵和张顺的这场斗殴背后，其实是两种完全不同的社会秩序的争夺。

李逵作为一个传统王朝底层受豢养的暴徒，无论黑道白道，他所处的环境从来都是一种"暴力秩序"——爷爷我的拳头硬，你就得"把两尾鱼来与我"，甚至是"吃你两个烂西瓜还要钱"。

可张顺是个"鱼牙"，他负责维护的是渔民卖鱼的那种"商贸秩序"。不给钱就是不能拿鱼，主人不来、纸未曾烧，就是不能给你鱼。

一个讲商贸、做生意,要你情我愿、互惠互利才能卖鱼;一个却重暴力,讲拳头大、关系硬的是哥哥。双方都觉得自己理直气壮,就像李逵觉得自己在陆上怎么打都能赢,而张顺知道自己在水里怎么战都能胜一样。

所以,这两种秩序形态,是一定会发生冲突的。就像小说所暗喻的一样,在古代中国社会,"商贸秩序"与"暴力秩序"互殴的结果,几乎从来都是前者打不过后者。商人们的最终结局,都是被李逵或宋江这种"黑厮"所吞噬、同化,沦为后者的小弟和附庸,跟小说里的张顺一样,结局总是个悲剧。

作者在书的第四章"远东的商人集团"中,连着讲了几个真实历史上的"张顺"的故事:唐代的粟特商人,元末的蒲氏阿拉伯商人等。

总结这三个故事后你会发现,中国古代商人和商贸秩序的生存空间,从来都是非常狭窄而恶劣的。

大一统王朝本质上都是成功实现李逵"杀奔东京,夺了鸟位"梦想的暴力集团。他们依靠暴力秩序建立的王朝又往往只能

## 第六章 历史和人性的深处

玩变换切蛋糕模式的"零和游戏"。

在这种游戏中,必然有大量人口因为没有分得足够的蛋糕而挣扎在生存线上。于是,底层之间的暴力就无处不在,逼迫他们不得不结成祝家庄式的宗族,或梁山式的帮会来以暴力自保。而这又反过来引发了最高暴力集团,也就是朝廷的高度警惕,逼迫着其进一步强化法家的驭民逻辑。

于是,整个社会陷入了一种暴力秩序的自激循环当中。而在这种生态里,最难做的,其实就是遵循商贸秩序的"张顺"们。

当整个社会上下都是想靠着拳头硬"把两尾鱼来与我"的李逵时,商人集团自己也必须像张顺拜宋江一样,主动接受暴力秩序,投效于其门下。

于是,粟特商人把最后的希望寄托给了安禄山,想靠叛乱换一个对他们更友好的朝廷;蒲氏阿拉伯商人动员了亦思巴奚军,试图实现地方割据。

然而,这些商人求存的投机,最终都归于失败。因为一旦商人们参与到暴力游戏中,他们就会发现,自己积蓄的那一点财富,相比中国这个如此庞大、幅员辽阔的帝国而言,不过就是沧海一粟。无论宋江还是朱元璋,都不会把投效自己的张顺或沈万三真的当成"入股股东"去尊重,所以商贸秩序的覆灭与商人自身的悲剧,是注定的。

但另一方面,商贸秩序的覆灭与商人的消逝,对大一统王朝来说也必然是个悲剧,因为中国土地实在太广大,人民实在太勤劳,我们不可能完全没有商贸秩序,将自己变回一个全然封闭的小农社会。

同时,一个大一统帝国想要成功,也必然需要接纳商贸秩序。

正如唐王朝之所以能成功经略西域,成为世界帝国,是因为有粟特商人、昭武九姓的协助,一旦没有了他们,"巨唐"立刻沦为"残唐"。

而已近垂暮的明朝之所以跟海上马车夫荷兰人打得有来有回,也是得了郑氏集团的协助,一旦清廷剿灭了他们视为大患的郑氏,开始压抑本国商贸集团,清朝离各种麻烦也就不远了。

用《水浒传》里的故事来讲,就是当张顺"魂归涌金门",宋江与江淮牙商集团掰了交情之后,梁山的战斗力立刻就开始走下坡路。小说最终结局特别耐人寻味，当宋江打完方腊，受诏获封时，江淮牙商们对这份刀尖上拼出来的功名是"坚辞不受"，共推了他们团体中的二号人物、盐贩出身的混江龙李俊，"投化外国而去"，最终成为暹罗国之主。他们成为《水浒传》中唯一"解套"、结局也最好的一批人。

我觉得小说在这里隐喻了中国古代社会暴力秩序与商贸秩序无可避免的最终结局——从开始的矛盾，到后来的合作，再到最后的分道扬镳。

总之，古代中国似乎总难达到一个平衡点，让暴力秩序与商贸秩序和平互融，成就国家持久的强大与繁荣。

而在这里，张笑宇先生提出了一个"正增长"的概念。他把整个世界划分成了零增长社会和正增长社会，并指出，中国古代整体上是一个零增长社会，每一次战火之后，社会被破坏殆尽，于是人们从头开始积累财富，然而财富刚积累完毕，便又被战争全部毁灭。

商业与暴力集团之间互信机制的缺乏，导致人们无法长期积累财富。这种零增长的结果，是康乾时期的人并不比汉唐时期的人更好过，社会总在无穷无尽的治乱循环中消磨。

## 三

在点破了这个中华的千古难题之后,《商贸与文明》接下来谈的,是近代的西方怎样最终在博弈中促成了商贸秩序与暴力秩序之间互融,最终破局飞升为现代社会的问题。

在张笑宇先生的描述中,西方建立这种互融机制其实同样历尽艰辛,最早是发现了美洲和新航线的西班牙,之后是荷兰(尼德兰),它们都曾做过类似的尝试。

但这两次尝试依然以失败告终,其中的原因,依然是暴力秩序(王权)与商业秩序(商权)之间无法达成一种互信的平衡。

但相比同时代的中国,西方的好处是国家众多,每个国家的王权相比于商人阶级都相对弱小,所以双方合作的尝试时有发生,这就让西方可以在不断的"试错"过程中"碰"出一种商贸秩序与暴力秩序的平衡。

最终,这种平衡在英格兰出现,并稳定了下来——国王通过君主立宪的方式将自己的权力关进了宪法的牢笼。

暴力被商贸所说服,商贸秩序与暴力秩序的联盟促成了社会环境的持久稳态，大量像张顺那样想要让自己的人生向上增长的人从惨烈的暴力厮杀中金盆洗手，上岸做起了生意。不再执着于争夺"切蛋糕"的刀子，而是一起琢磨将蛋糕做大的"正增长时代"，终于在西方社会拉开序幕。

《商贸与文明》一书认为，这种平衡的达成和延续，其实才是人类文明真正最为划时代的创举。一个商贸与暴力相结合、达成契约、互不干犯的社会，即是现代社会，而工业革命则是现代社会的奠基礼。我们今天所见到的世界，不过是这个创举的省略号中的一段。

是的，正是因为商贸秩序与暴力秩序达成了持久的平衡，现代社会才成为一个稳定维持正增长的社会。

对于生活在现代的我们来说，增长似乎是天然的、必须的，是司空见惯的正常现象，哪个国家如果哪一年的GDP增长率跌为负数，就会被怀疑是治理失败。

但人们常常会忘记的是，我们视为"天然"的这种正增长，在古代社会并不那么天然，因为那是一个零增长社会。生活在贞观之治时期的小民的生活水平与千年后"康乾盛世"的小民并没有什么不同（甚至前者比后者可能还要好一些）。

那时的人们像生活在乱纪元一样，每天都要祈祷自己的生意能照常做，祈祷李逵不要打上门，祈祷暴力秩序与商贸秩序此次的偶然合作，能长久一些再长久一些。

## 四

德国、日本等国都曾经享受过他们高速"正增长"的黄金年代所带来的红利。一个国家之所以能够高速发展，是因为他们在内部找到了一种制度互信，让商贸与暴力、权力，在不打破社会稳定的情况下，利用合作来寻求发展。只要这种制度互信还在，国家就能够发展。

可一旦这种互信的基础消失了，那么国家很可能要进入下一场颠簸了。

所以，人们急需反省的一件事是，从黄金时代里总结出经验，将这种平衡维持下去，让"正增长时代"保持下去。

同时，也给大家推荐一下张笑宇先生之前写的该系列的前作《技术与文明》。

## 第六章 历史和人性的深处

简单说两句他的这个系列。对于现代社会是如何生成的,张笑宇认为应该有一个新的叙事框架。张笑宇是做政治学出身的,他认为现代社会的思想运动,从宗教改革到启蒙运动,再到现代革命,是一套很完整的内部脉络,他察觉到有大量的技术要素被学科内部的视角所忽视,这也是他写《技术与文明》的一个原因。

之后,张笑宇试图回到另外两个特别重大的因素中寻找文明发展的答案:一个叫商业,一个叫产业。

于是,就有了三部曲的概念。"文明"三部曲是一套另辟蹊径,重新审视人类文明发展进程和现代社会诞生史的作品,它将我们过去熟知的一些史料,以新的形式进行了重新组合。或许这更有利于我们得出某些新结论。

所以,该系列的第二本书叫《商贸与文明》。书中提出了一个非常简练的叙事线:现代社会本质上是一个正增长社会。

# 终将杀死你的，一定是你最熟悉的那个野蛮人

有个故事，说美国独立战争的时候，有位士兵在战场上看到一个铁球，它在以肉眼可见的慢速度在地面上打着漂。他当然知道那是一颗实心弹，但鬼使神差地，他伸出了一条腿，像踢皮球一样，想去"踢"一下那颗炮弹——这位士兵为他这个愚蠢的举动牺牲了自己的一条腿。

在17—19世纪的战场上，这种匪夷所思的事情其实发生过多次，心理学出现后，很多研究者开始讨论为什么会有士兵去"踢炮弹"。

后来他们得出的结论是：那颗打着漂的炮弹，其实超出了人类本能的认知范围。

漫长的演化史，让我们的大脑本能地觉得，这种慢速的物体应该相对安全，所以在你的逻辑思维能力告诉你不要这样做之前，有些人真的会本能地放下戒备，去触碰这玩意儿。

这有点像小说《三体》中，人类第一次接触"水滴"时的场景——因为这个造物所用的技术已经大大超出人类本能的理解范围，所以有人会把这颗足以毁天灭地的武器误认为是"圣母的眼泪"。

我觉得大刘在这里暗喻了一个很深的哲理——如果一种东西大大超乎了你的认知范围，那它越危险，反而看起来会越安全，因为你的理性思维能力对它已经失效了，你是在用自己的原始本能试图理解它。

其实，类似的"本能误认"在我们的生活中正不停地发生着。比如我之前写的文章中提到，现代社会中你遇上车祸的概率其实大大高于坐飞机遇上空难。中国每年车祸死亡人数都高于六万人，平均每天都有两百人在车祸中死亡（相当于每天发生一起空难）。可是为什么车祸现象如此触目惊心，交警再怎么严格执法，还是会有司机或行人公然违反交通规则呢？

原因也很简单：人类在之前数百万年的进化史上，其实没有遇到过在地面上行驶得这么快速的物体——我们本能地觉得飞起来很不安全,但在地面上走总还是放心的。

所以,无论是作为行人,还是作为司机,对于这个才出现了一百年的高速物体,都会感到不适应,我们大脑的本能无法警告蕴藏在其中的危险。我们的本能会告诉我们怕蛇、怕老虎,却不怕那些开起来的汽车,于是人们就懈怠、就横穿马路、就疲劳驾驶、就酒驾——从本质上讲,所有因疏忽酿成的车祸惨剧,其实都是那个在战场上"踢炮弹"的故事的翻版,是本能中的认知错觉在引导人们走向危险。

人类从树上的猿猴进化成为生物学上的晚期智人,用了数百万年时间,而文明真正诞生,仅仅是数千年的事。后者与前者相比是短暂的一瞬间。所以,人类的矛盾在于,我们必须用自己那颗适配于原始环境的大脑,去理解这个文明世界的游戏规则,而这种理解时刻会产生偏差——在很多情况下,这种偏差是致命的。且科技与文明越发展,离我们本能所熟悉的那种野蛮生活越远,这种致命偏差出现的可能性就越高。

这个结论,是我有一次跟一位医生朋友聊天后得到的,他告诉我说:"其实我们所有人,最终都一定会被脑袋里那个野蛮人杀死。"

## 第六章 历史和人性的深处

他解释说,现代人活到三十五岁以后,遭遇的九成以上的疾病其实都是"你原始的生活习惯闹的"——你贪吃、不爱运动、喜欢熬夜,这些习惯在原始社会可能都是好习惯,因为在那个物资紧缺、充满危险的世界里,人们看到高热量食物就应该赶紧吃进肚里作为能量储存起来;除非迫不得已,没事儿就是要尽量减少运动;而一旦精神兴奋或紧张,你在晚上就是睡不着觉——因为黑夜正是最危险的猛兽出没之时,神经的兴奋和紧张有利于你的存活。

可是,这些被基因和本能固定下来的、原始社会的优良传统,到了现代,就都成了坏习惯。因为现代物质和精神生活的极大丰富,让我们那个原始的身体感到陌生而无法适应。你这个时候再多吃、不运动、熬夜,就像"踢炮弹"或者横穿马路一样,是在看似安全地去做一些极为危险的事情。

所以我们到底是谁?

我们其实都是野蛮人,是用智能手机、在写字楼工作、西装革履的"野蛮人"。我们在现代社会中生活,需要不停地遏制那个"脑袋中的野蛮人",不要让他冲出来胡作非为,把我们自己杀死。

为此,我们必须刻意做一些反直觉、反本能的事情,才能小心翼翼地在现代社会中活着。

其实上述这些反本能的事情（比如遵守交通规则、保持良好的生活习惯），还是相对容易。

但另一些事，就不那么容易做到了。

其实我想提出的这个问题很简单：坐在一架乘坐了一百多人的在空中飞行的飞机里，和身处困境却还非要发动对外战争的地方，究竟哪一个更危险？

用哪怕最简单的逻辑去思考，你也应该知道，肯定是后者。因为没有客机机长会疯狂到在四台发动机已经坏了俩的情况下，靠表演飞行特技来挽回支持率。

可是这个世界就是有那么多人，觉得后者不仅更安全，还会为那战争而欢呼。

为什么？因为"现代战争"这种概念，虽然已经超出了很多人原始大脑的认知范围，却符合他们的原始本能。它像高热量食品、懒人沙发和电子游戏一样，刺激着你大脑中的那个"野蛮人"流口水，而完全忽略了其中的残酷与危险。

是的，我们必须承认，和平、安宁的生活，是违反很多人身为"野蛮人"的原始本能的。在机械刻板、遵守规则、日复一日的劳动中，"普通人"似乎永远都是"普通人"，无法像我们祖先在丛林社会中那样尽情体验杀伐的快感。

可战争这类巨大历史事件的突发，让不少人感到枯燥的日常生活突然中断，建功立业不仅"可望"而且"可即"，"普通人"开始成批成打地成为"英雄"，一大批原来不知名的"小人物"突然成为众人瞩目的叱咤风云之辈，而原始的杀伐野性在崇高目的的包裹下变得光辉神圣了，可以正常而骄傲地宣泄出来，生活因此而充满激情与浪漫。所以，才会有那么多人崇拜战争，崇拜发动战争的"强人"——因为那正是他们枯燥生活的反面。

可是，就像"踢炮弹"的士兵并不理解那颗炮弹、横穿高速公路的行人并不理解汽车一样，他们只是本能地欢呼着迎向那滚滚开动的战争列车，然后瞬间被压碎，至死都来不及发出一声哀号。

结尾我再讲一个故事吧，有关一战，有关茨威格。

据说一战即将爆发的时候，茨威格正在比利时度假，身为奥匈帝国的公民，他跟人打赌自己的国家绝不会卷入这场可怕的战争——打什么打啊，好日子才过几年啊，矛盾又不是不可调和。

"如果战争真要爆发,我就把自己吊死在那根夜灯杆子上。"茨威格这样赌咒发誓。

可是回国后他就惊呆了,他发现维也纳的街头竟充满了一种节日的气氛。到处是彩带、旗帜、音乐,全城的人此时都开始头脑发昏,处于亢奋状态,本该对战争无比恐惧的人们此刻却满腔热情。

茨威格顿时明白了一个道理:他的同胞们并不是在用理性认识战争,他们只是在用本能幻想战争。"热烈的陶醉混杂着各种东西:牺牲精神和酒精;冒险的乐趣和纯粹的信仰;投笔从戎和爱国主义言词的古老魅力。那种可怕的、几乎难以用言词形容的、使千百万人忘乎所以的情绪,霎时间为我们那个时代的最大犯罪行为起了推波助澜、如虎添翼的作用。"(据《昨日的世界》)

然后,一战就爆发了,血流漂杵,惨不忍睹。

"你最终会被你脑袋里住着的那个野蛮人杀死。"这真是一句至理名言,因为有太多人有着一颗并不适应现代生活的原始大脑,且还不愿意承认。所以,我们在不停地被杀死——死于暴食、死于车祸、死于战争,如此种种死法,其实本没什么两样。

王阳明说,破心中贼;而我说,我们需要跟自己本能中的那个"野蛮人"作战,为了我们能在这个现代社会里,更好地活着。

# 你得接受，有时真相不是只有一个

## 一

先说个我很久以前听来的段子：

20世纪80年代，美国有位社会学家在调查了全美斗殴致人死亡的事件后，发现了一个有趣的现象——根据案卷记载，在所有斗殴致死事件中，有80%以上是先发出挑衅的那一方最终死亡。这位社会学家基于这个统计结果洋洋洒洒写了篇论文，寄给学术期刊，等着拿奖。

当然，这篇论文后来被打回来了，期刊主编用语委婉地提醒了该学者这样一个问题：人们斗殴，大都发生在黑灯瞎火的犄角旮旯，一旦一方死无对证，肇事者人嘴两张皮，当然会把寻衅的罪责推给死者，以帮助自己脱罪了！这样的数据，能拿来当立论的基础吗？

不过，这个故事并没有结束。20世纪80年代正是美国警界测谎仪推广最普遍的时期，上述命案中，不少嫌犯都上过测谎仪。

也就是说，当这些人一口咬定是对方首先寻衅滋事时，大部分人都觉得自己说的是真相。虽然从宏观结果上看，这么多主动找碴儿的人遭遇"反杀"，是不符合常理的。

结论是，大量的人在回顾案件时进行了"自我催眠"，在内心默认了自己是被动的一方——反正斗殴这种事，谁先"挑衅"也确实很难界定。

那么，到底有多少嫌犯这样做了呢？很遗憾，这件事我们也永远不得而知。

再后来，美国人对测谎仪一度高涨的迷信和热情就消退了不少，因为他们逐渐明白了人是一种多么不诚实的动物。

我想到这个段子的原因，是某天写了一篇文章，基于当地警方公布的最新信息，谈了一种对长沙货拉拉事件①我认为合理的真相。

文后就有朋友留言说：警方的还原是基于司机事后的单方面供述，而受害的姑娘人死不能复生，无法提供对自己有利的证词，实在太不公平了，不如让司机上测谎仪，看看他说的到底是真是假。

我很敬佩这位读者还原真相的理想，但是你看，即便是使用了测谎仪，人们对某些案件也是束手无策的，因为人总是站在自己的角度来理解事物，或者说自我欺骗。

我曾反复提到，历史学上有一个普通人不太容易接受的观点：一个事件在发生之后，真相便消弭了，所残留的只是对真相的解释。

历史学家一般都不太赞同有破解历史真相的"柯南"。

一段真相还原得比较贴近历史原貌，往往并不是因为某部官修史书编得特别好、特别权威，而是因为存在大量不同角度的一

---

① 长沙货拉拉事件：2021年2月6日晚，湖南长沙年仅二十三岁的女孩车莎莎从货拉拉车上"跳窗"，后经抢救无效不幸离世。

手记录，这些史料彼此互相印证，也互相驳斥，人们才能从中去芜存菁，逼近（但永远无法达到）那个真相。

而如果以历史学的这种思路去考量长沙货拉拉事件，你会发现此事的真相查起来异常之难。

诚然，确实存在很多客观证据，比如录像监控、事发地点有无刹车痕迹、死者身上有无打斗痕迹，等等，来印证司机说的事件大体流程是否属实，但这些证据缺失了最关键的一环：

在车上，司机到底用怎样"恶劣口气表露对车某某的不满"？这个问题找不到客观旁证，我们似乎只能听信司机的单方面供述，这是个孤证。

但任何发过火的人都知道，你在盛怒之下说的那些话，平静后再重述一遍，其杀伤力也会大大减弱，因为语气、嗓门、脸色全都变了。

所以，司机即便无心隐瞒，也还原不了当时事件的全貌。

而任何一个被人吼过的人都知道，语言的杀伤力可以是极高的。尤其是语言暴力的施加方，同时又是体力的优势方，被施暴者真的可以被恐吓到慌不择路、生不如死的地步。

那么，在货拉拉这个事件中，司机周某到底用了什么量级的"恶劣口气"对女孩表示过"不满"？女孩又到底是心理脆弱，还是承受了常人无法想象的恐惧？

很遗憾，这个真相永远消失了，而它如此至关重要。

## 二

日本著名导演黑泽明，曾拍摄过一部电影《罗生门》。

这部电影的主要架构其实取材于芥川龙之介的小说《竹林中》。

小说的故事其实非常简单：大盗多襄丸某天在路途上偶遇了一位武士和他的妻子，心生歹念，于是就将他们诱骗进了竹林中，绑架了武士并奸污了其妻子。

但案件的真相也就到此为止了，武士最终死亡，而究竟是谁杀的，真相则晦暗不清。武士的灵魂说自己是自杀，而多襄丸和武士的妻子又各自承认自己杀了武士。

单独来看，他们每个人的话似乎都能自圆其说，但如果拼合起来看，这些陈述却彼此矛盾。此事的真相究竟如何，作者直至行文的结尾也没有向读者阐明，真相被永远遗留在了那片竹林当中。

我看过很多对这篇小说的解析，网上某位有影响力的历史学人物，曾用史料互证的手法试图还原《竹林中》案件的真相，解读得非常精彩。

但这样的解析其实偏离了小说和电影的本意，无论原作者芥川龙之介，还是导演黑泽明，想表达的都是一种对"真相"深深的失望：人的确渴求真相，但我们可能永远无法得到真正的真相，因为人性使然。

在竹林中的三人，虽然各执一词，却也有惊人的相似之处：他们都承认自己的过错，却都不愿彻底否定自己。在承认自己杀人（自杀）的同时，还将自己的形象树立得令人同情。

他们都想要掩盖自己的丑恶面，每一句话都朝着对自己有利的方向去说，最终当事人都确信了一个对自己最有利的真相——即便是已死武士的灵魂，到了九泉之下，也拒绝自我检讨。

在货拉拉事件中，我听到有朋友说："司机干了什么他自己清楚……"

我觉得他把人性想简单了，司机干了什么，他可能自己也不清楚，他只有一段基于自己立场的回忆。

导演黑泽明在将小说翻拍成电影时，将原标题《竹林中》改为了《罗生门》。原标题的意思还只是人性当中有一些幽暗的"竹林"，一旦你走进去，真相就晦暗不明，而黑泽明则干脆说，人的本性就是习惯于自我欺骗，连罗生门的鬼在遇见自我欺骗的人时，也会害怕地逃走：你们实在太多变了。

所以，在警方公布了对该案的调查报告之后，我觉得我们应该慢慢接受这样一个事实：此案将成为一场现实版的罗生门。真相消弭，唯留阐述——各方各自能接受的各种阐述。

这其中，也包括我之前的文章，它是我对此事的理解和阐述，但也仅此而已。

## 三

剩下的问题是，对这样一个案件，法律会怎么判呢？

有些人认为，事件届时会盖棺论定，但我认为没那么简单，在这件事上，法院的判决也不会成为争论的终点。

20世纪至今，有三种司法学派在世界法学界呈现三足鼎立的态势，分别是：自然法学派、分析实证法学派和社会法学派。它们对法律的意义有截然不同的认知，对同一案件的判决也往往大相径庭。

这个世界上，有些真相就是早已死去，哪怕你义愤填膺，哪怕它早已引发了全社会的关注。

我们能吸取的教训就是：不要轻易跟陌生人走进那幽暗的竹林。